U0324028

冷型小麦概论

张嵩午　王长发　著

西北农林科技大学出版社

图书在版编目（CIP）数据

冷型小麦概论 / 张嵩午，王长发著. —— 杨凌：西北农林科技大学出版社, 2021.12
ISBN 978-7-5683-1078-9

Ⅰ.①冷… Ⅱ.①张… Ⅲ.①小麦—栽培技术—研究
Ⅳ.①S512.1

中国版本图书馆CIP数据核字(2022)第003539号

冷型小麦概论
张嵩午　王长发　著

出版发行	西北农林科技大学出版社		
地　　址	陕西杨凌杨武路3号	**邮　编**：712100	
电　　话	总编室：029-87093195	发行部：029-87093302	
电子邮箱	press0809@163.com		
印　　刷	陕西天地印刷有限公司		
版　　次	2021年12月第1版		
印　　次	2021年12月第1次印刷		
开　　本	850 mm×1 168 mm　1/32		
印　　张	2.75	**插　页**　16	
字　　数	60千字		

ISBN 978-7-5683-1078-9

定价：38.00元

••••• 内容提要 •••••

　　本书是我国第一部论述冷型小麦的专著，它以对话的形式，概括介绍了冷型小麦理论，内容包括小麦三级气候系统、小麦温度型和冷型小麦、小麦潜在库容、小麦叶片逆向衰老、含有动力因素的小麦高产稳产模式和归结与展望。透过这些内容，更在意于阐明一些诸如小麦复合体、小麦对环境的深度适应、小麦代谢水平分层和活力阶、小麦灌浆结实二元论、驱动小麦水分和养分输送的动力系统、小麦和一批农作物的冷性化等等理念，以进一步推动小麦和一批农作物的研究和生产实践。本书可供作物育种和栽培工作者、作物生态生理工作者、农业气象工作者、自然资源工作者以及农业院校、农业研究院所有关专业研究生参考。

前 言
preface

　　关于冷型小麦的研究，从 20 世纪 80 年代始，至今已有 30 多年，这期间，曾得到赵洪璋院士的亲切指导和帮助。国家自然科学基金对本研究给予了强有力的支持，先后获得 8 个项目的资助（39570411、39870477、30070150、30270766、30470333、30370859、31170366、31201122），前五个研究项目由张嵩午教授主持，后三个研究项目分别由王长发博士、苗芳博士和杜光源博士主持。由国家自然科学基金委员会主办的《中国科学基金》期刊中文版、英文版先后三次刊登了冷型小麦研究进展报告，详细介绍了冷型小麦的概念、特性和与之紧密相关的小麦叶片逆向衰老现象、机制以及研究它们的理论意义和实践价值。经过长期探究，逐步形成并创立了冷型小麦理论。在此理论指导下，王长发博士主持开展了以冷型小麦为育种目标的定向培育工作，历时 8 年，终于成功培育出我国第一个冷型小麦品种——西农 805，该品种于 2015 年通过陕西省农作物品种审定委员会审定，并陆续通过河南、安徽和江苏省引种备案，且在 2020 年打破了陕西省大田小麦单产最高纪录，成为冷型小麦从理论创新走向实践创新的里程碑。参加冷型小麦研究的先后有数十位科教人员和博士、硕士研究生，它们从不同角度为研究的进步做出了自己的贡献。

本书以对话形式，概括介绍了冷型小麦理论，这里面涉及小麦赖以生存的气候系统、小麦冠温分型和各种温度型的生物学特征、小麦潜在库容、小麦叶片逆向衰老的表征和"接力式"灌浆途径以及利于小麦高产、稳产、优质、高效的模式等。然而，本书的目的不仅在于介绍冷型小麦本身，更重要的是以冷型小麦为载体，泛化性地推出一些值得深入思考的理念，比如，小麦复合体的问题，提高小麦性状水平的系统思维和杠杆思维问题，大粒对各种穗型小麦的普适性问题，小麦育种目标以及高产稳产模式中动力因素的引进问题，Ⅲ级气候系统内小麦育种、栽培等的精细运作问题，小麦和其他农作物对环境的深度适应以及这些小麦和农作物的冷性化问题等，以便更好推动小麦和其他农作物的研究和实践，促进农业生产的更大发展。为此，衷心欢迎大家对本书提出的问题和观点进行交流、讨论，并提出宝贵意见。

张嵩午
2021 年 3 月于西北农林科技大学

目 录

contents

第一篇

小麦赖以生存的三级气候系统

访*：您好！随着冷型小麦理论的问世和我国第一个冷型小麦品种的培育成功，人们对冷型小麦的兴趣越来越浓，希望对它有更多更深入的了解，现想就有关问题咨询一下。

科*：好的，欢迎交流。要把冷型小麦说清楚，首先要阐明小麦赖以生存的系统，系统不清，冷型小麦也就难以言明。小麦生活在"土壤—小麦—大气"连续体中，由于其中的气体部分对于小麦具有不可替代性和易变性，因而对其生长发育尤显重要，这样，气候系统的规模和特征就成了必须优先谈论的话题。气候系统大致分为3个层次，即大气候系统、中气候系统（又称地方气候系统）和小气候系统（对于小麦所在的空间来说，则称为农田小气候系统），为叙述

---

*访：代表咨询者

*科：代表西北农林科技大学冷型小麦研究团队的科研工作者

方便起见，特将前人所划分的 3 个层次依次称为Ⅰ级、Ⅱ级和Ⅲ级气候系统。Ⅰ级系统的尺度最大，水平范围在几百公里以上，垂直范围在几公里以上，该系统内发生的气候现象由大范围因素比如地理纬度、大型环流、离海远近、大的地形等决定，无论水平方向还是垂直方向，气象要素的变化都十分平缓。Ⅱ级系统的尺度较小，远不如Ⅰ级广阔，其水平范围从几十公里到一百多公里，垂直范围从几十米到几百米，该系统内的气候状况由中等地形、草地、森林、湖泊、城市等决定，气象要素的变化较为复杂。Ⅲ级系统的尺度最小，其水平范围从几米到数百米，垂直范围从 1.5 米到 2.0 米，该系统内的气候特点由其构造特性决定，对于长着小麦的农田小气候系统来说，其基本特征是：（1）空间十分窄狭，比如对于小麦品种区域试验区来说，若有 15 个品种参加试验，3 次重复，每个小区 13.33 平方米（0.02 亩），那么，全部小区只有 600.00 平方米（0.90 亩），若包括行道在内，整个试验区仅有约 666.67 平方米（1 亩），每个小区就是一个相对独立的农田小气候系统。（2）系统内的小气候要素，如辐射、光照、温度、湿度、风等和小麦植株最为贴近，要素的状态直接影响着小麦的生长发育。（3）农田小气候有强烈的异质性，比如小麦品种区域试验区，尽管各品种在同一狭小地段内，但品种不同，小气候就不同，以至于在试验区的水平和垂直方向上产生了很大的要素梯度，远非Ⅰ级、Ⅱ级系统能够望其项背的。（4）农田小气候的差异在农田技术措施相同的情况下，主要由小麦各品种生物学性状的差异造成，即主要由小麦自身决定，小麦的状态对于小气候的形成起着主导作用，也就是说，有怎样的小麦，就有怎样的小气候，两者密不可分，于是，小气候性状就成了小麦的一种标识，它和小麦共同构成了一个复合体——既包括小麦本身，又包括周围环境；前者为主体，后者为客体；前者的性状属于在体性状，后者的性状属于离体性状。这样，若想对小麦有较为全面科学的认知，就势必涉及小麦的生物学属性和小麦的环境学属性这两个紧密关联的方面，这是小麦的一个完整概念。（5）农田小气候要素具有易调控性，通过更换品种或采取不同的栽培措施，各要素的状态较易发生明显改变。

　　Ⅰ级系统包括许多子系统，即Ⅱ级系统，Ⅱ级系统又包含许多更小的子系统，即Ⅲ级系统，它们形成一种嵌套关系。三个系统的能量流、物质流是相互贯

通、相互渗透的，因而，Ⅰ级、Ⅱ级系统必然构成农田小气候的背景并通过Ⅲ级系统对小麦施加影响。这样，尽管小麦的生长发育和Ⅰ级、Ⅱ级系统并无直接关系，但仍深深打上了这两个系统的烙印。这里需要指出的是，虽然三个层次气候系统的名称都含有"气候"两字，但其内涵已有明显转变。气候是指某一地区或全球范围内较长时间的统计状态，它既包括较长时间的平均统计状况，也包括少数年份出现的极端天气事件。气候的统计状态可用气象因素的统计量来描述，例如平均值、极端值、年较差、日较差等。而天气是指某一地区短时间内各种气象要素的综合表现，其天气状态既可用气象要素的瞬时值进行描述，也可用短时间内有关要素的统计值予以说明。在研究小麦和三个系统的关系时，气象要素具有鲜明的二重性特征，即在研究某些问题时，需要从气候角度切入，气象要素就变成了气候要素；在研究另外一些问题时，需要从天气角度着手，气象要素就变成了天气要素。比如，研究Ⅰ级系统下的小麦时，主要考虑的是气候要素，以解决小麦种植区划等大范围的问题；研究Ⅱ级系统下的小麦时，不但要考虑品种在本地区的合理布局，还要考虑干旱、干热风、连阴雨、寒潮、霜冻等天气过程对小麦的影响，前者主要涉及气候要素，后者主要涉及天气要素，因而气候和天气要素是并重的；研究Ⅲ级系统下的小麦时，需要专注每个生育期光温湿的变化以及每日的要素状况甚至凌晨最低温和午后最高温出现时瞬时或几个小时的要素表现，显然，天气要素就上升到最重要的地位。因而，气象要素因研究对象的不同，不断变换着自己的角色，以满足各种系统下小麦生长发育的不同需求，我们经常讲，小麦要想生长发育良好，必须适应周围环境，说到底就是要适应Ⅰ级、Ⅱ级和Ⅲ级系统，尤其是Ⅲ级系统，现以作者所在的杨凌为例说明。该地处于关中平原中部，方圆135平方公里，隶属于Ⅰ级系统——暖温带半湿润气候带所控制的地区，该气候带西起甘肃东南部，东至山东半岛，地域辽阔。此带北邻暖温带半干旱气候带，南接北亚热带湿润气候带，由于小麦的生态类型必须和地区的生态类型相匹配，因而，该气候带虽然和上述南北Ⅰ级气候系统相邻，但跨界种植不易成功。暖温带半湿润气候带包括许多Ⅱ级系统，杨凌所在系统是其中之一。Ⅱ级系统间的跨界种植成功率有了明显上升，比如杨凌选育的最著名的小麦品种——由赵洪璋院士主持选育的碧玛1号和由李振声院士主持选育的小偃6号就远远打破了陕西关中的边界，在我国东部黄淮地区大量Ⅱ级系统种植成功，为我国小麦生产的发展做出了重要贡献。但是，这绝不意味着Ⅱ级系统间的生态壁垒可以被轻松打破、品种可以自由穿行，因为Ⅱ级系统的生态环境仍然千差万别，每年各地大量进行的品种比较试验、区域试验、生产试验实际上就是检验品种对各个Ⅱ级系统的适宜性，以使品种的种植处于一种因地制宜的状态。Ⅱ级系统气象要素和小麦生长发育的关系是通过分析当地国家气象台站百叶箱数据和小麦生育状况得到的，这部分工作持续时间最长、规模最大，比如当地农业气候资源的利用、灾害性天气指标的鉴定、各种农业技术实施时气象依据的确立等，为小麦充分利用当地有利气象条件、减轻不利气象条件危害、提高小麦产量和品质做出了显著贡献。但是，当进入Ⅲ级系统时，Ⅱ级系统所确立的那些关系不断遭到挑战，因为Ⅲ级系统所展现的是和Ⅱ级系统迥然不同的天地。我们曾对Ⅲ级系统即小麦农田小气候系统进行了三十多年观测，尤其小麦冠层温度测定更是频频进行，现以小麦品种比较试验区为例说明。整个试验区不大，空间狭小，但各个小区间小气候要素差异明显，好像试验区就是由各个小型气候板块拼接而成似的，从而形成一个斑斑驳驳的小麦世界。就拿冠层温度来说，所谓冠温就是用红外测温仪测定小麦作物层不同高度茎、叶和穗表面温度的平均值，是小麦的体温，和小麦生育最为密切，因而，该要素也是小气候诸要素中最重要的环境参数之一。小麦结实期（开花至成熟，下同），温度对籽粒灌浆速度有着重要影响，人们曾进行了大量研究，一般认为，日平均气温在 20～25℃（百叶箱）时是小麦适宜的灌浆温度范围，超过此范围则会明显减少干物质的积累。很显然，该指标是在 Ⅱ 级系统获得的，对于各个小区的品种来说，指标具有同质性，不论各小区品种如何变化，对 Ⅱ 级系统气象要素及指标的影响都是微不足道的。但是，当观测位于 Ⅲ 级系统的冠温时，发现各品种展现了强烈的异质性，有些植株偏暖的品种其整个结实期的冠温平均值可比植株偏冷的品种高 2～4℃，午后最高冠温出现时的瞬时值可偏高 3～6℃，差异非常显著，尤其当百叶箱气温处于适宜灌浆范围时，有些品种的冠温较为适宜，而另一些植株偏暖的品种，其大部分日期的冠温均对灌浆不利（据研究，午后冠温约 ≥ 34.3℃时对灌浆不利），甚至出现了不利日数较适宜者高 2.6 倍的记录。

由此可见，Ⅱ级和Ⅲ级系统所传递的信息不但有异，许多情况下还会有质的差别，这不能不引起人们的深思：怎样解决Ⅱ级和Ⅲ级系统的信息错位甚至严重错位的问题？怎样使小麦的生长发育获得确切的气象依据，从而使指标真正变成促进生产发展的有力武器？

访：你们提出冷型小麦问题，并进行了大量研究，就是为了解决小麦对Ⅲ级系统的适应性吗？

科：是的，一语中的。这个问题已经历史性地提到议事日程上来了，因为：（1）小麦完全生活在Ⅲ级系统中，尽管Ⅰ、Ⅱ级系统对它有重要影响，但毕竟是间接作用，和小麦最亲近的还是Ⅲ级系统的小气候要素，这些要素是三个气候系统叠加并最终在Ⅲ级系统显现的产物，因而，要真正研究小麦生长发育和气象因素的关系并进而确定对环境的适宜程度，就应该深入源头，即从Ⅲ级系统切入，否则就有可能陷入无源之水的窘境。过去，人们在Ⅱ级系统做了大量工作，功不可没，今后很长一段时间还会在小麦和Ⅱ级系统的关系上做许多更为深入的工作，这毋庸置疑，但是，随着时间的推移，今后把大量工作调整到Ⅲ级系统进行已势在必行，应尽早做好这方面的准备。（2）Ⅲ级系统的最大特点就是很小范围内系统间显现的异质性，即变异，更不用说大范围内的变异了，这构成了正在蓬勃兴起的精细农业施行的前提。精细农业是一种现代化的农业理念，和传统农业的系统均一性、管理统一性理念有质的差异，因而，在精细农业框架下，无论合理施用化肥、减少环境污染，还是节约水资源、提高灌溉水的利用率，还是节本增效、优质高产等都必须从Ⅲ级系统获得大量可靠田间数据，并据上述数据做出作业决策，最后由先进机械在Ⅲ级系统内完成决策。于是，使小麦适应Ⅲ级系统，就像其他一系列精细农业操作一样，是传统农业向现代农业转变的必然，不以人们的意志为转移，因而，及时涉及这些问题，就会更加自觉、更加主动地逐步靠近解决种种棘手农业问题的真谛。

访：怎样使小麦适应Ⅲ级系统呢？

科：有两条路可走，一是改变客体即环境来适应小麦生长发育的需要，二是改变主体即小麦本身来造就一个优良的环境，当然，如果把两者结合起来，效果就会更好一些。对于前者，过去已经做了大量工作，比如干旱来了，利用我国在Ⅱ级系统所积累的丰富水文气象资料，准确分析各地的降水量和水资源分布状况，合理利用水资源，修建起成龙配套的灌溉系统，

就可适时进行浇灌，抵御干旱的危害。但是，这一切都是在传统农业"统一性"的层面上进行的，并未真正下沉到Ⅲ级系统去精细测定各系统内土壤和小麦体内的水分及其变化，从而通过滴灌、微灌等一系列新型灌溉技术定时定量地供给水分，以使水的消耗量减少到最低程度并获得尽可能好的收成，现在就要实现抗旱和小麦生长发育的实质性融合，在较高层次上改变小麦所面临的干旱环境，而所有这些必须主要在Ⅲ级系统内进行。至于改变主体即小麦本身的性状，这是更有意义的。小麦内外性状的某些改变，当然要有利于自身的生长发育并最终获得优质高产，同时，这些改变要有利于造就一个好的环境，即对小麦是友好型的，否则对小麦不利。前面谈到小麦是个复合体，即小麦不但自身性状要好，且由它主要决定的周围环境所产生的反馈效应必须对小麦有促进作用，这才是一个好小麦的完整概念，我们称这样的小麦为"聪明"小麦——能创造自身和环境双赢局面的小麦。

访：难道世界上还有不够"聪明"的小麦吗？

科：是的，大量存在。小麦自身某些性状的改变有可能引发环境的反馈抑制效应，比如小麦株型由一般的松散或紧凑变为过于紧凑、甚至难以封行，乍看起来，小麦的受光姿态改变了，中、下部叶片的光照增强了，冠层对太阳光的截获量提高了；同时，通风状况也有了改善，这都会导致冠层净光合速率的提高和单位时间、单位面积上干物质积累量的上升。与此同时，过于紧凑的株型使地面接收了较多的太阳辐射，使反射光变强，尤其地面增温，地面长波辐射亦增强，这都会反过来烘烤冠层，使植株和土层以及周围气层的温度明显升高并加速植株衰老，而这种株型小麦的紧凑度越高，对小麦的反馈抑制效应就越强烈，对小麦的生长发育就越不利。因此，最佳的株型不是某个性状单方面最优，而是取决于系统内不同方向、不同强度选择压的合向量，即要找到那个最有利于小麦生长发育的平衡点，这才是最佳株型所追求的。在小麦育种、栽培的长河中，这种使某个或某几个性状过分张扬而未掌握好平衡点致使小麦处于不利状态的事屡见不鲜，应该说，不够"聪明"的小麦，有些顾此失彼，而"聪明"小麦总是从"复合体"切入，从主体和客体两个方面把握在体和离体性状的涨落并最终取得双赢效果。

第二篇
小麦温度型和冷型小麦

访：小麦和系统的关系谈了许多，尤其强调了Ⅲ级系统对小麦的重要性，那么什么是冷型小麦呢？有人说，冷型小麦就是寒冷地区种植的小麦；还有人说，冷型小麦是越冬期间较抗严寒的小麦，对吗？

科：冷型小麦概念是在多年进行的小麦冷域问题研究的基础上提出来的，它是Ⅲ级气候系统的产物，没有Ⅲ级系统，就没有冷型小麦。在任一小麦生态地区，以当地标准小麦作为比对的基准，凡整个结实期间小麦冠层温度与之相当或比之持续偏低（含相同）的温度状态称为冷型态；若冠层温度比之持续偏高则称为暖型态；若冠层温度先暖后冷则称为冷尾态，出现冷尾的始日一般在乳熟中期或以后的时段；若冠层温度先冷后暖则称为暖尾态，其始日和冷尾态相同。当然还有其他一些温度状态，但上述四类是主要的。什么是标准小麦？标准小麦指当地生产上产量较高尤其稳产性突出且被长期使用的品种，显然，这样的品种和大自然是较为和谐的，虽然在时间的长河中会受到诸如干旱、干热风、连阴雨、霜冻等灾害性天气的危害以及病虫等生物攻击，但它都较好地适应下来了，这样的品种无论从群体、个体、细胞的显微结构还是超微结构看都有它的长处和特色，尤其代谢功能较好且具韧性更受青睐，因而，用这样的品种作为衡量标准，实际上树立了一个活力好、适应性强的标尺，其他品种都逐一和它比较，检验是否达到甚至超过它的活力水平，这是非常重要且有意义的。当然，这样的品种不一定是当地的主栽品种，代谢好、韧性强是其最重要的特征。在我们的研究中，长期使用的标准品种就是著名的远缘杂交小麦小偃 6 号，它在检验其他许多品种代谢功能的优劣方面发挥了重要作用。为何把比对时期定在结实期？因为结实期是小麦生命的最后阶段也是最重要的阶段，小麦粒数在此段最后确定，产量和品质也在此段最终形成，是研究小麦最具关键意义的一段，故而把和标准品种的比对确定在该时期进行。上面还谈到冠层温度"相当"的问题，它是指在判定小麦的冷型或冷尾状态时，允许某小麦和标准小麦的冠温差 ≤ +0.3℃，即在结实期的持续观测中可

有少许偏暖波动，因为据我们观察，这种波动并不意味着被测小麦活力的减弱，因而，"相当"仍是小麦冷型态或冷尾态定义的必要元素。那么，所谓冷型小麦就是年年冠层温度为冷型态的小麦；暖型小麦就是年年冠层温度为暖型态的小麦；如果某些小麦的冠层温度，有些年份似冷型小麦（冷型态），有些年份似暖型小麦（暖型态），有些年份先暖后冷（冷尾态），有些年份先冷后暖（暖尾态），或表现为更为复杂的温度状态，这样一些小麦就称为中间型小麦，这种类型小麦多数以某种温度态为主、搭配的其他温度态为辅，只有很少数小麦其各温度态出现概率相同，很显然，中间型小麦的温度态不够稳定，具多态性。当前生产上的大多数小麦都属中间型小麦，其中以暖尾小麦居多，暖型小麦不多，冷型小麦就更少了。在任一小麦生态地区，所有小麦材料和品种都无一遗漏地分别归属于上述三种温度型，概莫能外。你提到有人把冷型小麦局限于寒冷地区或越冬阶段是不符合冷型小麦定义的。

访：上面谈到的小麦温度型定义有何特点呢？

科：有三个特点：（1）地域性。这样的定义充分尊重了农业生产的因地制宜原则，各地都有自己的标准品种，并以它们作为衡量其他小麦品种温度型归属的基准，体现了有怎样的小麦生态条件就有怎样与之相适应品种的精神，不可能有一个标准小麦或冷型小麦等温度型小麦能打遍天下的。（2）时效性。任何一个标准小麦都不是永恒的，要么会随时间推移发生退化，要么会有更新更具活力的品种问世并取代原来的标准小麦，因而，无论标准小麦还是冷型、暖型、中间型小麦，都处在逐步更替之中，并向越来越高的代谢水平趋近。但是，试验研究中标准小麦的更替不应是频繁的，要保持相当长时间的稳定，否则，会导致认知上的混乱和实践应用中的无章可循。（3）同源性。这样的定义提供了一种契机，即各地的冷型小麦虽然千差万别，但它们都具有偏冷的特征，这有利于在源头揭示它们相似的缘由，并为从一个全新角度建立起含有冷型基因的小麦冷型家族体系提供了可能。

访：小麦冠层温度的观测是确立小麦温度型的前提，据说冠温观测还是挺考究的。

科：是的，冠层温度必须尽可能地准确测得。首先，无论用红外测温仪还是别的测温仪器，操作都必须规范，如农业气象观测常用的往返观测法，这就不多说

了，想强调的是，同一块儿地里比较各品种冠层温度差异时应遵循可比性法则。冠层温度的高低受许多因素影响，诸如株高、株型、叶型、叶色、叶面积指数、生理性状、土壤状况、天气状况、栽培措施等，但我们认为，通过冠温观测，获得品种代谢功能高低、活力水平好坏的信息是最迫切最重要的，凡妨碍了这一点，都应把它们的影响减弱甚至剔除。据我们的经验，在田间栽培措施完全一致的前提下，尤其应对生育期、株高、株型进行分类比较，即首先生育期应相同或相似，若早熟、中熟、晚熟品种相互比较就易出现冠温不能科学反映品种活力的现象；株高有类似问题，应使高秆、中秆、矮秆品种的观测分类进行；关于株型，则不要把一般松散或紧凑的品种和过分紧凑的品种放在一起比较。至于其他影响冠温的因素，一般来说作用不大，可视其效力大小酌情处置，以不导致对品种活力的误判为原则。

获得观测数据后，需要针对性地进行异常数据删除，并对所保留的数据进行 3 日或 5 日滑动平均等统计处理，总的目的仍是把偶然性因素对冠温的影响尽量剔除，然后再进行一般或深层次地分析，这才有可能得到符合实际的结论。

访：有人说，用红外测温仪器观测小麦冠温要求较高较严，能否简单一点儿，比如看小麦群体的色泽，颜色偏绿就表明冷一些，偏黄就表明暖一些，这不更方便吗？

科：有时利用小麦群体偏绿或偏黄的程度对冠温进行目测判断是可行的，但不够准确，会经常造成误判，即把冷的群体误判为暖的，而把暖的群体又误判为冷的，为什么？因为小麦冠温是一种热学信号，而小麦群体颜色是一种光学信号，两者并没有明确的对应关系。在实践中经常发现，表面看起来偏绿的小麦群体，其冠温未必偏低；表面看起来偏黄的小麦群体，其冠温未必偏高，关键在于群体的蒸腾状态，蒸腾强者有利于冠温偏低，蒸腾弱者则有利于冠温偏高，而群体偏绿者不一定蒸腾就强，反之亦然。但是，这并不意味着经过长期对叶色、穗色的变化及其对比的精细观测并和冠温测定联系起来，还无法积累起足够的经验用目测对冠温的高低做出较好判断，只是需要大下工夫。关于蒸腾和冠温的关系，后面还有详细说明。总之，用红外测温仪或其他测温仪器进行规范性操作来获取冠温数据并进而判断小麦的冷暖是值得首先推荐的方法。

访：三种温度型小麦各有何特点？

科：现从外部形态、细胞的显微和超微结构、生理性状、对不同生态条件的适应性、对小气候环境的影响等五个方面进行说明。

首先谈一下外部形态。最引人注目的是，冷型小麦群体富有生气，其绿叶面积较大，衰退较慢，尤其结实后期（面团期始至成熟，下同）仍呈现出绿黄相间以绿为主的景象，其根系也较发达，无论每株次生根数还是每株根干重都较多较重。暖型小麦早衰严重，尤其结实后期过早出现一片枯黄的败落景象，根系亦明显较弱，和冷型小麦形成鲜明对比。中间型小麦介于上述两者之间，有依照年份之不同或向冷型或向暖型小麦趋近的倾向。

冷型小麦叶片的叶肉细胞小，排列紧密且层数较多，叶绿体量大、较密集，叶绿体内间质浓、基粒多、基粒片层发达；叶片维管束面积大且间距小，单位叶片宽度内维管束的数目多、横截面积大；穗下节间、倒2节间中单位横截面积内的维管束数较多，维管束总面积占茎横截面积的百分率也较大；种子根的皮层较厚，种子根和次生根的中柱面积及导管横截面积均较大，次生根导管总数较多，这些和暖型小麦都形成较大反差。尤其在干旱和淹水条件下，冷型小麦叶片结构受害较轻，解体较慢，具有一定的稳定性；而暖型小麦则明显受害较重，稳定性较差；中间型小麦由于温度态的不稳定性，其显微和超微结构也具有可变性，偏冷者趋向于冷型小麦，偏暖者则趋向于暖型小麦。

长期测定表明，冷型小麦在叶片功能期，功能叶的叶绿素含量、蛋白质氮含量、可溶性蛋白质氮含量、硝酸还原酶（NR）活性、超氧化物歧化酶（SOD）活性、过氧化氢酶（CAT）活性、过氧化物酶（POD）活性、气孔导度、蒸腾速率、净光合速率、丙二醛含量以及根系活力等方面不但明显优于暖型小麦，且也优于性状波动较大的中间型小麦，后者处于冷型态时，其性状趋于冷型小麦；处于暖型态时，则趋于暖型小麦，好像一个在冷型和暖型小麦之间运动的钟摆，不够稳定。

通过多年来反复进行的干旱、干热风、连阴雨胁迫试验（包括将同一套含有不同温度型的小麦品种分别种植在渭北旱塬和长江下游连阴雨渍害地区）表明，冷型小麦不但在正常天气下表现优良，且在气象要素反差很大的干旱和连阴雨条件下亦表现较优，它和暖

型小麦、中间型小麦相比，不但冠层温度依然持续偏低，且在叶片功能期、功能叶一系列生理性状、根系活力和籽粒饱满指数等方面仍能继续保持优势，且变化较平稳，这种在气象条件差异很大情况下的普适能力，对于小麦高产尤其稳产具有十分重要的意义。

冷型小麦活力好、生长旺盛，具有良好的利于生长发育的内在动力，尤其结实阶段，正值春末夏初，Ⅰ级、Ⅱ级系统的气温迅速回升，我国广大麦区的土壤干旱、大气干旱——干热风、热胁迫频频发生，在冷型小麦良好性状影响下，却能创造出一种相对较好的小气候环境，即土温较低、冠层温凉、湿度较大、光照适宜，从而使小麦所在的Ⅲ级系统占据了较好的小气候生态位，缓冲了Ⅰ、Ⅱ级系统不利因素的影响，引发了小气候的反馈促进效应，最终造就了小麦籽粒的充盈，这是中间型小麦所不及的，尤其暖型小麦，由于本身性状较差，构建的小气候环境恶劣，远离Ⅲ级系统的理想小气候生态位，结果引发小气候反馈抑制效应，使小麦频遭生态报复，严重影响结实，终和冷型小麦形成强烈反差。

总之，从上述种种内外性状以及对环境的诸多影响来看，具有冷温特征的冷型小麦是具备"聪明"小麦一些特点的，能够创造一个较好的双赢局面。

访：似乎小麦的"冷"是个关键因素，冠层温度处于不同水平，相应的小麦生物学性状以及周围环境就有了明显差异。

科：是的，"冷"是冷型小麦最重要、最鲜明的核心性状，没有了"冷"，冷型小麦就失去了魂，再去谈论或研究它就没有任何意义了。这是为什么？要害是6个字：冷则通，热则滞。在小麦体内，维管束遍布全身，物质的运输主要靠木质部导管内运动的水流（含矿质盐类）和韧皮部筛管内运动的养分流（溶质主要是同化物），这些是长距离的运输方式，短距离的运输则主要靠扩散、渗透。所谓"通""滞"指的是水流和养分流的流速，当速度相对较快、集流较为通畅时谓之"通"；当流速较为缓慢甚至停滞时则谓之"滞"。流速大小可用体积流速、质量运输速率、灌浆速率、穗颈节伤流量、根系伤流量等直接描述，也可用蒸腾速率、净光合速率、等同时间内的物质运转率、等同时间内籽粒淀粉以及氮素和磷素的积累量等和流速关系密切的生理指标间接表示。另外，维管束的发达程度，以及颖果腹沟区有色细胞层的结构等亦和流速关系密切。多年观测表明，冠温偏低的冷型小麦和冠温偏高的暖型小麦相比，在生育的一系列时期尤其结实期，其蒸腾旺盛、净光合速率较高、灌浆速度较快、穗颈节和根系伤流量均较大、等同时间内籽粒淀粉以及氮和磷素积累量亦较高，比如全结实期的灌浆速率，冷型小麦要比暖型小麦高出 3.15% ~ 7.51%，差异明显。这里需要指出的是，所谓灌浆通常是指小麦结实过程中从乳熟期（历时约12 ~ 18 天）开始到面团期（历时约 3 天）结束这一段的籽粒充实行为。为叙述方便起见，特把乳熟期之前的籽粒形成期和面团期之后的蜡熟期、完熟期亦包括在内，称之为全结实期，故有全结实期灌浆速率之说，本对话的其他有关部分亦有相同含义。总之，上述冷型小麦诸多直接或间接表示水流、养分流速度的性状都和暖型小麦形成较大反差。另外，冷型小麦的维管束较发达，颖果腹沟区有色细胞衰老晚、脂类物质和丹宁沉积少，结实后期细胞结构仍较完整，这些亦利于维持较快流速，比暖型小麦为优。上述表明，由冷型小麦旺盛蒸腾所形成的强势蒸腾拉力构成了冷型小麦吸水和运输水分的主要且强大的驱动力，使水分较顺畅地运输到小麦各个部位并导致冠温的明显降低，这对维持冷型小麦正常且旺盛的生命活动具有重要意义；研究表明，水流和养分流关系密切，水流旺则养分流旺，水流衰则养分流衰，反之亦然，因而，冷型小麦借助于养分流的较快流速亦能较顺畅地把同化物从光合器官运送到小麦的其他部位，同时，由于功能叶养分的较快流出，也支撑了功能叶持续维持较高的净光合速率，从而形成一种良性互动关系，尤其结实期，这种和良性互动紧密相关的从叶源到籽粒库的流畅对结实饱满更具关键意义，我们曾将籽粒饱满度分为5级，即Ⅰ级饱满、Ⅱ级较饱、Ⅲ级中等、Ⅳ级较秕和Ⅴ级秕，对包括冷型、中间型、暖型小麦在内的17个品种近10年连续观测的资料进行了统计，得出冷型、中间型和暖型小麦Ⅰ+Ⅱ级的出现频率分别为95.5%、78.4%和41.8%，Ⅳ+Ⅴ级的出现频率分别为0%、10.3%和38.2%，冷型小麦的籽粒优势十分明显，因而说，是"冷"成就了冷型小麦较高的水分和养分代谢水平并最终造就了籽粒的饱满丰盈是有根据的。

访：有些冠温偏高的小麦，在有些年份籽粒也较饱满，为何？

科：这种情况是存在的，由上面籽粒饱满度统计资料也可看出。究其原因，可能是多方面的，其中启

动了籽粒补偿机制是个重要原因。小麦冠温偏高，叶片功能较差，早衰较重，对结实十分不利，但有些小麦却采取了充分利用花前贮备在叶鞘等部位营养物质的策略，一定程度上弥补了花后功能叶无法为籽粒提供充裕光合物质的缺陷，其对籽粒充实的贡献大约达到三分之二，远远高于通常大约仅占三分之一或比之更低的比例，这促成了籽粒的较好充实，这是一种值得研究并可利用的机制。但是，毕竟功能叶片花后所制造的养分是籽粒充实所需养分的主要来源，保持并提高叶片活力是保证结实良好的首要条件，至于补偿机制的启动则是可遇而不可求的事，就看这些小麦的机制在何种条件下由沉默状态转化为激活状态了，因而，致力于功能叶片代谢功能的提高仍是值得我们倾心关注的任务。

访：由上述看出，小麦冠层温度的高低和植株代谢功能的好坏结下了不解之缘，尤其小麦是否"冷"更成了关注的焦点，请问这个问题的本质是什么？

科：这个问题的本质在于：在Ⅲ级系统的小麦活动层（从地表至小麦上表面）内，因小麦性状不同而导致能量收支出现重要差异，并最终形成冷和小麦较好代谢功能、暖和小麦较差代谢功能紧密相连这种备受瞩目的局面。围绕着小麦冠层有多个热源，其中太阳和地面最为重要，前者称为第一热源，后者称为第二热源，小麦就生活在上有太阳下有地面的眷顾之中。来自太阳的短波辐射和大气的逆辐射以及地面和植株本身发出的长波辐射在小麦活动层形成一个交集，并导致净辐射 R 的生成，R 是小麦活动层辐射能收与支的总汇，决定了该能量向各个方向分配时总的强度，研究农田热平衡时极为重要且反复使用的热量平衡方程式 $R=P+B+LE+IA+Q_T+Q_A$ 就较好阐明了这种能量分配的格局。式中 R 为小麦活动层的净辐射，又称辐射平衡；P 为活动层与大气之间的湍流热交换；B 为活动层与邻近土层之间的热交换；LE 为消耗于小麦田的总蒸发耗热（包括植株蒸腾和小麦田蒸发）；IA 为同化 CO_2 时所消耗的热能；Q_T 为叶片与株茎的热交换；Q_A 为叶片积累的热能。多年观测表明，冷型和暖型小麦的净辐射 R 并无显著差异，但由于冷型小麦活力好、蒸腾旺盛且持续时间较长，致使 R 消耗于总蒸发耗热 LE 的能量明显较多，且占了 R 的大部分，结果加热叶片和株茎的能量 Q_A、Q_T 必然显著减少，终导致冠层温度偏低；暖型小麦则与此相反，由于活力差、蒸腾弱且持续时间较短，R 消耗于 LE 的能量明显较少，结果加热叶片和株茎的能量 Q_A、Q_T 必然显著增多，终导致冠层温度偏高。当然，受影响的不仅是植株，冷型小麦的土温、株顶上方小范围空气的气温以及冠层内植株通过湍流、辐射、热传导等热交换方式所影响的气层温度都表现偏低，而暖型小麦的温度则在上述诸方面无一例外的偏高。这里尤其要指出的是，在加热叶片和株茎的能量中，第二热源——地面所放射的长波辐射发挥了非常重要的作用，以至于往往形成地面温度和冠层温度如影相随的局面，即地面温度高，则冠层温度高，反之亦然。一般情况下，除了上面所说的小麦温度型和地面温度有密切关系外，在另外一些小麦生态类型和生长状况下，地面温度和冠温亦关系密切，比如矮秆类小麦地温偏高，冠温亦高，高秆类小麦则反之；过分紧凑型小麦地温偏高，冠温亦高，一般散开型或紧凑型小麦则反之；小麦叶面积指数小者地温偏高，冠温亦高，小麦叶面积指数大者则反之；小麦病虫害严重者地温偏高，冠温亦高，病虫害较轻者则反之等。统计表明，小麦地面温度和冠层温度有极显著的正向相关关系。这种现象给人以有益启迪，即无论育种还是栽培，应采取措施不使地面温度过高，否则强烈的地面长波辐射会使小麦过早衰老，对其生长发育十分不利，另外，这似乎还提供了一条新的认知小麦植株的路径，即利用地面温度高低也可大致判断植株的代谢处于较为有利还是不利的境地。在冷型小麦活动层内，由于茎叶蒸腾旺盛，空气的水气压较大，再加上气温偏低、饱和水汽压较小，导致气层相对湿度偏大，这和暖型小麦形成较大反差。冷型小麦早衰轻甚至不早衰，结果叶面积指数较大，太阳光穿越冠层时漏光损失小、光能利于较充分，这也和暖型小麦早衰较重导致田间漏光损失大、光能利用不充分、地面温度上升过高有明显不同。总之，由于冷型和暖型小麦活动层内能量分配的显著差异，终造成冷型小麦以"冷"为特色的良好小气候环境和植株较好代谢水平的强势关联。

访：在小麦活动层内进行的能量分配中，植株蒸腾所起的作用给人印象很深。

科：在小麦体内进行的诸如水分代谢、矿质营养、光合作用、呼吸作用、有机物质运输等各种代谢中，水分代谢居于特别重要的地位，它是其他各种代谢的前提和基础，因为水为小麦的一切生命活动创造了一个重要的先天环境，没有一定量的水分，生命活动就会受阻甚至枯亡；小麦的水分代谢过程是整个正常生命活动过程的支撑，其通过不断的吸水、传导与运输、利用和散失等环环相扣的活动，不但使水成为原生质的主要组分，且直接参与了小麦体内一系列重要代谢过程，并成为许多生化反应的良好介质；小麦的水分流动，把整个小麦连为一体，在该体系内有机物和无机离子能以水溶状态到达任何所需要的部位。而在至关重要的水分代谢中，植株尤其叶片蒸腾起着"牛鼻子"的作用，因为由蒸腾拉力引起的蒸腾失水是小麦吸收和运输水分的主要驱动力，如果没有蒸腾作用，根系便不能吸水，运送有机物和无机离子的上升液流也不存在，更不要说四通八达，生命活动亦立即停止，因而尽管占总吸收水量绝大部分的水量都被蒸腾散失掉了，只有极少部分参与了体内的生化代谢过程，但这种散发仍是极重要的，干了件其他任何代谢过程都无可替代的大事。小麦冠层温度和植株蒸腾关系十分密切，而植株蒸腾又和一系列代谢紧密相连，因而可以认为，小麦复杂的生理学内核是包被在一个简单易测的物理学外壳——小麦冠层温度里的，冠温只是小麦体内新陈代谢水平的体现和表观信号，抓住了冠温，就是抓住了小麦生命的本质；抓住了"冷"，就是抓住了小麦生命活动中富有活力、朝气蓬勃、具有较高水平的一系列代谢过程。因而，我们经常进行的小麦冠层温度观测，实际上就是给小麦"号脉"。中医上的寸口为十二经脉大会之处，通过切寸口脉，就可得知全身脏腑经脉气血的状况，而通过测定小麦冠温，亦可得知小麦整体的代谢水平，小麦冠温的高低与起伏就是小麦体内各种代谢状态的汇聚之象。显然，冠温的测定及其所表露的小麦活力状态对生活在任何生态地区的小麦都具有普适意义，值得重视并进行更为深入的研究。

访：冷型小麦水分代谢活跃、植株蒸腾强烈，这必有发达的根系作为支撑，这样的根系对土壤中水分和养分的利用有何作用？

科：先谈一下对土壤中水分利用的问题。在对冷型、暖型小麦进行了干旱处理以致结实期土壤水分已接近凋萎湿度的状况下，测定表明，冷型小麦的冠温较暖型小麦明显偏低，蒸腾旺盛，其他诸多生理指标亦相对较优，尤其令人深感兴趣的是，我们比较了从土壤上层至100厘米深度的土壤水分，冷型和暖型小麦间并无统计意义上的差异，那么冷型小麦旺盛蒸腾的水分从何而来？原来冷型小麦活力好、茎叶较繁茂，招致冠层漏光较少、第二热源受光较弱、温度较低，

这抑制了相当多的土壤水分经蒸发途径进入大气，而这些被抑制的水分恰到好处地被冷型小麦发达的根系所吸收并融入植株的水分代谢体系，从而为旺盛蒸腾和活跃代谢提供了水资源的支撑，这是一种十分有效的水分利用方式。因而，在小麦抗旱节水研究的各种场合，无论在非干旱地区受到偶发性干旱的困扰，还是在干旱少雨地区长期缺水，还是虽未受到干旱胁迫但仍应节约用水等种种状况下，采取各种措施，改变土壤水分的逸出路径，到它特别该去的地方——不要过多地从土表直接进入大气，而是经过植株通道，从植株表面尤其叶片逸入大气，使相当多的水分由蒸发态变为蒸腾态，从而使植株降温，使体内之水流、养分流较为通畅，这对节水状态下或抗旱状态下的增产均十分有利。已有的研究表明，在干旱条件下，小麦的冠温与水分利用效率、抗旱指数呈极显著负相关，因而，在植株降温、集流活跃的情况下易实现水分利用效率和抗旱指数的提高，其作用机理和应用前景值得深入探讨。

再谈一下对氮素和磷素的利用问题。对冷型和暖型小麦的对比研究表明，在不施肥、单施氮肥、单施磷肥和氮磷配施的条件下，由于冷型小麦根系发达、吸收能力强势，结果在结实期的各个阶段，冷型小麦植株的总氮积累量、籽粒中氮积累量均较暖型小麦明显为高，对磷素的吸收积累亦有类似状况。这表明，冷型小麦对氮、磷肥的施用相较暖型小麦有较高的响应度，属于氮、磷高效利用基因型，这对高效施肥、土壤潜在氮磷资源的利用、降低成本、防止环境污染均有重要意义。

访： 上面谈了冷型小麦的种种内外性状，看来非常利于灌浆结实，利于籽粒饱满，当然对产量提高很有好处，那么对品质的影响又如何呢？

科： 关于冷型小麦与籽粒品质关系的试验，连续进行了多年，不但在本校建立了正常自然环境试验区，还搭建了模拟干旱棚、模拟阴雨棚，并在干旱、干热风盛行的渭北旱塬和小麦生育后期渍害严重的长江下游地区安排了田间试验。参试品种分冷型、暖型和中间型三类，每类下又包括数目彼此相同的若干个品种，成熟收获后，对籽粒品质进行了测定，计有 17 项指标，它们是：蛋白质含量、出粉率、籽粒硬度、湿面筋含量、干面筋含量、面筋指数、沉降值、吸水率、面团形成时间、面团稳定时间、弱化度、评价值、粉质指数、最大拉伸拉力、50 mm 处拉伸拉力、延伸度、拉

伸面积，最后计算了不同温度型小麦各品质性状变异
等级的加权值和加权平均值。结果表明，冷型小麦在
品质上的最大特色是其品质性状的保守性。生产实践
一再表明，不论是面包小麦，还是馒头、面条小麦，
还是糕点、酥饼小麦，其品质均受着环境变化的强烈
影响，其中优质小麦变成非优质小麦的情况屡有发生，
严重影响了小麦的品质水平。我们的试验证实，在不
同环境尤其气象条件影响下，冷型小麦的品质变异最
小，最为稳定，保守性最强；暖型小麦次之；中间型
小麦变异最大，最不稳定，保守性最弱，这显然是
冷型小麦在多种生态环境下代谢、细胞结构最稳定，
生物学惯性最强使然。因而，遗传育种工作者在小
麦优质化的努力中，想方设法使自己品质不错的小麦
具有冷的特性，是条值得尝试的保持品质稳定的有效
途径。

　　访：小麦植株变冷带来如此多的好处，尤其籽粒
充实方面效果显著，是否可采取措施令小麦植株尤其
叶片的蒸腾更强烈一些、冠层温度降得更低一些呢？

　　科：从三十多年来冠温实测情况看，冷型小麦和
标准品种相比，整个结实期午后冠温的平均值一般偏
低零点几度，鲜有偏低 1 度以上的；午后冠温瞬时值

有时可偏低 1 度以上，鲜有偏低 2 度以上的，这和暖型小麦结实期午后冠温平均值比标准品种经常偏高 2 度上下，午后冠温瞬时值有时可偏高 4 度形成鲜明对比。这表明，欲使冷型小麦有较大降温并非易事，还得做出很大努力。然而从以往测定看，零点几度的降温已弥足珍贵，引起了小麦内外性状相当大的变化，如果降温幅度再大一些，可望带来更多惊喜。但是，这样说并不意味着植株蒸腾越强越好、降温越大越好，正如前面所提及的，一定要掌握好那个恰如其分的平衡点，否则会事与愿违，因为强度过大的蒸腾会使环境湿度过高，反倒抑制了蒸腾；相应根系过多的吸水会使土壤趋干，反倒抑制了吸水等等，因而，小麦冷的最佳状态是有边界、是有度的，如何把握好这个边界、这个度值得深入探讨。

第三篇
小麦潜在库容

访：小麦籽粒饱满程度的改善，无疑对产量的提高极为重要，但是，要想高产，还得解决产量骨架问题，冷型小麦在这个问题上能有所作为吗？

科：产量骨架是产量形成的结构基础，要想高产，必须有好的产量骨架，否则高产就无从谈起。产量骨架如何表示？我们采用了潜在库容的概念，其用公式表示就是：潜在库容＝单位面积穗数 × 单穗粒数 × 单个鲜粒最大体积。小麦鲜粒的最大体积出现在乳熟末期（面团期前夕），因而，三者的乘积实际上反映了小麦品种在单位土地面积上群体籽粒储存养分的空间潜力，可将之形象地比喻为盖了多大一间放置养料的房子。潜在库容仅出现在灌浆结实过程中一个很短暂的时段，但其意义重大，因为它是高产的前提，潜在库容大者，有可能获得高产；潜在库容小者，则绝无高产的可能。鉴于此，视潜在库容为决定小麦产量的第一要素是不为过的。

潜在库容受天气变化之影响较大，优良天气条件下，潜在库容变大；恶劣天气条件下，潜在库容变小，这成为决定小麦产量波动幅度的最重要因素之一。我们曾对优良和恶劣年型彼此转换时的潜在库容进行了统计，结果表明，和暖型、中间型小麦相比，冷型小麦的变化明显最小，显然，这和冷型小麦在优良、恶劣天气下，其代谢功能和细胞结构均比暖型小麦、中间型小麦为优且变化较小密切相关，这为冷型小麦在多变的环境中产量较稳提供了有力支撑。

潜在库容和籽粒成熟时的实际库容呈极显著正相关，也就是说，潜在库容大，通常实际库容也必定大。在构成实际库容的三因素中，单位面积穗数和单穗粒数项与潜在库容的相同，仅单个鲜粒的最大体积变成了单个成熟籽粒的体积。籽粒体积之大小和千粒重之高低并无一一对应关系，但两者呈极显著正相关，因而，把大粒和高千粒重、小粒和低千粒重直接挂钩也就普遍为人们接受了。小麦产量由三个因素构成，即单位面积穗数、单穗粒数、千粒重，三者互相联系、互相影响、互相制约。依照小麦品种产量构成因素的差异，人们通常将小麦分为三种类型，或称为三种穗

型，即大穗型、中间型和多穗型。大穗型以单穗粒数多为特点，多穗型以单位面积穗数多为特征，中间型则表现居中。在产量三因素中，单位面积穗数和每穗粒数很难实现共赢，比如大穗型品种甚难实现穗多，多穗型品种甚难实现穗粒数多，但是，大粒（千粒重高）这一性状却受到三种穗型小麦的普遍青睐，在三种穗型的高产田块中，大粒小麦频频出现，这说明，大粒是个普适性状，在一系列小麦自身促进高产的因素中，大粒可能是三种穗型小麦的最大公约数。回顾以往，在长达数十年小麦超高产的议论和实践中，保证每种穗型小麦各有自己足够的有效穗数已成共识，提高穗粒重也受到一致推崇，只是穗粒重到底以提高穗粒数为主还是提高千粒重为主尚有不同意见，尽管如此，认为千粒重仍有较大提升空间、可以对产量增加起到主导或辅助作用始终都是主流意见。因而，对小麦大粒进行深入探讨对于穗数足够多、单穗粒数足够多的状态下，寻找产量进一步提升的突破口有着十分重要的意义。当然，是否籽粒越大越好，是否可能引起粒重不稳以及其他一些风险，这都应该深入研讨。另外，籽粒大了，饱满度必须随即跟进，大而秕不是我们愿意看到的，这个问题前面已有详细阐述，后面还有进一步说明。

第四篇
小麦叶片逆向衰老

访：既然大粒对小麦高产如此重要，那么如何获得大粒呢？

科：通过小麦叶片逆向衰老可以获得大粒，这是一条重要且有效的途径。所谓叶片逆向衰老，是指有些小麦其叶片衰老顺序出现异常，即不是一般小麦依叶龄增加自下而上衰老，而是在一定生育期发生逆转，出现旗叶开始衰老时倒 2 叶甚至倒 3 叶仍呈绿色且倒 2 叶衰老最晚这种逆向衰老状况。小麦衰老最显著的表观特征是叶片由绿变黄，因而，从叶色上看，这些小麦在结实后期出现了顶层叶黄、邻层叶绿（上黄下绿）的现象，和人们通常见到的顶层叶绿、邻层叶黄（上绿下黄）完全相反，呈倒置性叶色结构。当然，目前发现的这些叶色倒置小麦并不是每个茎上的叶片都呈逆向衰老状态，而是表现为批量发生，即因小麦材料和年份之不同，叶色倒置茎少者占全部茎的 1 至 2 成，

多者可达 9 成以上，其余茎上的叶片则仍维持自下而上的正常衰老状态。为叙述方便起见，对叶色倒置小麦中着生逆向衰老叶片的茎即叶色呈倒置分布的茎称为倒置茎；着生正常衰老叶片的茎即叶色呈正置分布的茎称为正置茎。这种现象是我们在 2002 年发现的，尤其引人注目的是，观察到倒置茎上的籽粒似比正置茎上的籽粒有变大变重的现象，我们立即开展了研究，至今已有十多年了。通过多年反复观察测定，证实倒置茎上的籽粒确有变大变重表现，显然，这为小麦产量的进一步提高展示了一条新的值得探索的途径。这里，顺便说一下的是，关于小麦叶片逆向衰老，有的文献中称为非顺序衰老，还有的称为逆序衰老，指的都是同一现象，为便于读者认知起见，本书统一采用"小麦叶片逆向衰老"这一提法。

访：这种现象引起我极大兴趣，大家都知道，小麦结实期间，旗叶是 3 片功能叶中最年轻、最活跃的叶片，往往对籽粒库的充实作出首要贡献，因而，无论育种上还是栽培上，都是尽力延长它的功能期，不使早衰，这已成为学术界的共识，难道还存在一种能带来粒大并利于产量提高的特殊旗叶早衰状态吗？

科：这确实是个十分有趣的问题。需要首先指出的是，我们所说的旗叶早衰是由特殊生理过程造成的，和由小麦黄矮病、麦鞘毛眼水蝇、麦蚜等病虫害造成的旗叶早衰有严格区别。小麦叶片逆向衰老最早在结实初期即可零星发生，以后逐渐增多，当接近面团期或进入面团期后则可达到高峰，我们把高峰时倒置茎占全部茎的百分率称为倒置率。研究了长期以来倒置率和粒大的关系后，我们确定，凡年年倒置率≥10%的小麦称为逆向衰老小麦，达不到此标准者称为正常衰老小麦。正常衰老小麦是当前小麦生产的主流，它们也可能有逆向衰老，但倒置率低，且许多年份并无逆向衰老表现，对于少数品种来说，甚至罕有显现。逆向衰老小麦和正常衰老小麦比较，前者的粒重有明显较后者为重的趋势，我们曾对15个逆向衰老品种和15个正常衰老品种进行了连续4年观察，结果表明，逆向衰老者的千粒重普遍比正常衰老者为高，其平均千粒重比后者高9.86%，即就在全部15个逆向衰老品种中，倒置茎籽粒的千粒重也全部高于正置茎，平均增重7.64%，因而，逆向衰老小麦及其倒置茎的籽粒趋大趋重是确定无疑的。

倒置率是个较易变化的性状，不但因品种而异，且和生态因素关系密切。多年观测表明，结实期天气优良时，逆向衰老会大量出现，倒置率会明显上升；

相反，天气恶劣时，许多品种会无逆向衰老表现，即使有表现者，其倒置率也会显著下降。土壤肥力的高低对倒置率亦有影响，肥沃土壤会促进倒置率的提高。通风透光的边行亦有助于倒置率的上升。

访：在小麦叶片的逆向衰老中，旗叶既然早衰，但还能使籽粒变大变重，其原因是什么？

科：这和一种特殊的灌浆机制有关，下面用倒置茎和正置茎进行对比说明。开花—面团期前是粒重形成的主要阶段，可占到成熟期粒重的 8 成以上，之后，倒置茎上已有早衰表现的旗叶开始大量趋黄、衰落。考察开花至面团期前的籽粒灌浆速率，发现倒置茎比正置茎为快，连续多年测定表明，前者比后者平均高出 4.45%，这说明，该阶段倒置茎的旗叶相对于正置茎而言，发生了光合产物向籽粒库的较快转移，这和倒置茎旗叶在接近或到达面团期时由于养分持续大量外运，造成入不敷出、营养缺乏，从而使之提早变黄、衰老紧密关联，另外，旗叶光合物的较多积累，抑制了光合的正常进行，也可能是其早衰的一个原因。很显然，这种旗叶养分特别的运转方式对倒置茎籽粒较大较重起了关键作用。面团期始—成熟，灌浆速率已明显减缓，但倒置茎仍较正置茎相对较快，平均高出

15.35%，这和倒置茎的倒 2 叶以及部分倒置茎的倒 3
叶较正置茎相应叶片的活力明显较强有关，也是结实
后期倒置茎籽粒仍较正置茎充实为好的生理基础。总
观从开花到成熟的灌浆全过程，倒置茎的平均灌浆速
率比正置茎高出 7.29%，这成为前者比后者粒大粒重
的根本原因。由于逆向衰老小麦的倒置茎较多、倒置
率较高，而正常衰老小麦的倒置茎少、甚至趋无，倒
置率低、甚至趋零，因而，两类小麦的灌浆速率必有
明显差异，前面提到的 15 个逆向衰老小麦和 15 个正
常衰老小麦，从开花到成熟，前者的平均灌浆速率比
后者高出 6.68%，这样，我们就对前者籽粒比后者明
显较大较重不会感到诧异了。

以上分析表明，在结实全过程中，倒置茎的叶源
存在两个中心，开花—面团期前，以旗叶为中心，旗
叶是最年轻、最富有活力的功能叶，小麦不失时机地
充分利用了这种叶片活力有明显差异的配置，将其养
分快速转运到籽粒库，这对持续时期不长、时间紧迫
的籽粒形成期胚乳细胞的大量出现起到决定作用，最
终造就了形成大粒的结构基础，下面接着开始的灌浆，
旗叶养分的快速转运则继续对籽粒较快地变大变重起
着积极促进作用，这期间，倒 2 叶和倒 3 叶的养分外

运受到抑制，其作用明显下降；面团期始—成熟，随着旗叶的提早衰亡，倒 2 叶和倒 3 叶所保持的活力释放出来，尤其倒 2 叶变成向籽粒库运送养分新的中心，从而形成一种"接力式"的灌浆模式，这和长期以来人们熟知的正常衰老小麦灌浆模式有很大区别，传统模式的特征是：从开花到成熟，旗叶是唯一贯穿结实全过程向籽粒库输送养分的叶片，具有"一叶直通"的特点；倒 3 叶和倒 2 叶均分别先于旗叶衰亡，因而，它们对籽粒库的充实先是和旗叶同步，后来就早于旗叶中止，从来不能占据一段独立而完整的灌浆时间域；于是，在整个结实期，尤其结实后期，旗叶的作用就非常重要突出，如果活力好、不早衰，就会对籽粒库充实十分有利，否则将产生严重影响，这正是长期以来人们千方百计使旗叶不早衰的根本原因。"接力式"灌浆机制的发现有可能引发人们对小麦灌浆方式和途径一些新的思考。倒置茎叶片为何能出现逆向衰老并形成"接力式"灌浆机制，应从代谢、激素调节等方面进行深层次的探讨。开花—面团期前，倒置茎旗叶的光合产物向籽粒库转移较快，其原因显然是由质外体和共质体运输所组成的短距离运输以及由韧皮部筛管两端膨压差所引发的长距离运输加快进行的结果，而运输加快的动力可能来自某些激素类物质（暂称为"旗叶动力素"）的刺激作用，这些物质可能在地上部的有关茎叶内合成，也很可能在根部合成，然后沿导管向上运送至旗叶，它有可能促进更多光合产物的形成、提高膜透性、促进一些与运输有关酶的合成、提高膜ATP酶的活性等，从而加速了旗叶同化物的外运。小麦出现逆向衰老的概率，主茎比分蘖为大，分蘖中的大分蘖比小分蘖为大，结实期天气优良比天气恶劣时为大，土壤肥沃比土壤贫瘠为大，田块边行比中间为大，等等，似乎都和逆向衰老茎所对应的根系较发达、合成的"旗叶动力素"较多有关，从而引起旗叶养分大量转移并导致旗叶的提早衰亡。

访：小麦叶片逆向衰老现象的发现给人们什么启示？

科：启示是多方面的，主要有三点：（1）小麦的灌浆结实有两条路径。当叶片正常衰老时是"一叶直通式"，叶片逆向衰老时是"接力式"，这样，旗叶的早衰不见得总有负面效应，某种条件下，还可对籽粒的变大变重起到正面促进作用，于是，提高功能叶尤其旗叶的净光合速率固然是条改善籽粒灌浆结实状况的思路，而通过改变叶源向籽粒库运输和分配光合产物的方式亦可收到不错的效果。（2）在小麦体

内可能存在一个叶片逆向衰老控制系统。前面指出，生产上大量使用的正常衰老小麦也会出现逆向衰老，只不过不够经常，倒置率也不高，甚至少数小麦罕有表现；在逆向衰老小麦群体中，也不是每株都有此种现象，且每个逆向衰老株中，也不是每个茎都有此种现象，因而有理由认为，小麦在外观上能否表现出逆向衰老取决于上述控制系统是否被激活以及被激活的程度。比如，同株逆向衰老小麦内有倒置茎和正置茎之分，但这并不意味着正置茎的逆向衰老过程未被启动，只是强度较弱、外观未有显现而已，但是，它们的籽粒虽比倒置茎较差，可仍比一般正常衰老小麦较大较重，这是逆向衰老过程已被启动但强度较弱的很好证明。由此看来，所谓逆向衰老小麦实际上是一类逆向衰老控制系统年年都处于激活状态的小麦，而正常衰老小麦则在许多年份甚至长期都处于沉默或准沉默状态，只有受到某些外部因素的强烈刺激，该控制系统才会活跃并在外观上有所显现。从这个意义上说，尽管目前生产上正常衰老小麦占据主导地位，但它们的叶片衰老状态只是逆向衰老小麦的一个特例而已。

（3）小麦在漫长的进化中已形成完善的适应环境的机制，叶片逆向衰老是对环境适应的突出表现。在结实期天气优良、生存资源丰富时，逆向衰老小麦会充分利用这个天赐良机，采取以多取胜兼顾粒大的生殖对策——倒置茎明显增加，倒置茎籽粒明显增多增大，就连正常衰老小麦也出现了不少逆向衰老的茎，以利于种群繁衍、基因延续；在天气恶劣、生存资源缺乏时，已不允许生产大量籽粒，这时它们会采取以大取胜的生殖对策——倒置率明显下降了，倒置茎籽粒明显减少减小了，但倒置茎籽粒却比正置茎相对更大更重，并导致逆向衰老小麦比正常衰老小麦的相对粒重有了更大幅度提升，同样，这是另外一种利于后代繁衍、世代交替的状态，并且非常利于产量的稳定；如果穗部受到重创，比如开花期剪去穗长的1/4、或2/4或3/4，结果会如何呢？不出几天，明显的叶片逆向衰老出现了，旗叶、倒2叶和倒3叶以它们特有的"接力式"将养分快速输往残缺的籽粒库，于是，幸存的籽粒引人注目地变得又大又重，它们就以这种无法粒多但求粒重粒壮的方式保证了基因的延续，这是一种令人感叹的自救方式。

访：如果开花期把一个完整的麦穗全部剪去，小麦如何自救？如何使自己的基因延续？

科：这真是个残酷的问题，这种打击属于灭顶之

灾，似乎难以挽回，但是令人惊讶的是，过不了多久，叶片的逆向衰老出现了，这一次，旗叶以及后继担负灌浆任务的倒2、倒3叶不是快速将养分输往上方已经消失的籽粒库，而是逆行向下输往植株基部的分蘖节，在此后短短一个月内，分蘖芽迅速生长，先是营养体，后是生殖器官的抽穗、开花、结实，待小麦成熟时，小分蘖的籽粒已处于籽粒形成后期，具备了发芽能力。我们曾把由数个品种组成的这批籽粒于当年秋播，大部分都发芽了，第二年夏收获了正常成熟的种子。尽管麦穗全部剪去，后来新生的分蘖很小很弱——被减去穗的茎基部只有1到几个分蘖，每个分蘖上仅有2～3个叶片，穗上所结籽粒也仅寥寥几个且又小又秕，但它们以极快的速度几乎复制了小麦从发芽到成熟需经历约230天的全部生命过程，最终达到结籽并使基因延续的目的，这是令人吃惊的，这有可能提供一个研究小麦生命周期所需要的快速发育模型，具有重要的学术价值。在发现小麦叶片逆向衰老现象以前，无论如何也不会想到小麦竟以这种极为特别的衰老方式来利用优良的环境条件，而在受到摧残甚至遭遇灭顶之灾时又会以同样的方式挽救种群、延续基因，这不能不对大自然所创造的伟大进化力造就了一个如此神奇的小麦世界佩服不已。

访：小麦叶片的逆向衰老很好适应了周围环境，这方面给人印象很深。请问，小麦叶片逆向衰老和小麦温度型有何关系？

科：关于两者的关系，我们进行了多年研究，发现在冷型小麦和中间型小麦以冷型态为主或以冷尾态为主者中间容易发生叶片逆向衰老现象，而在暖型小麦和中间型小麦以暖型态为主或以暖尾态为主者中间则要困难得多，显然，这和前者的叶片逆向衰老系统相对更经常地处于激活状态有关，而后者则更多地处于沉默状态。这给人的启示是，无论是为了理论研究还是为了育种，去冷型类小麦（含冷型小麦、中间型小麦中以冷型态为主者或以冷尾态为主者，为简便起见，特分别称后两者为准冷型小麦和冷尾小麦）中寻找叶片逆向衰老小麦材料要比去暖型类小麦（含暖型小麦、中间型小麦中以暖型态为主者或以暖尾态为主者，为简便起见，特分别称后两者为准暖型小麦和暖尾小麦）中更易取得成功，当然，这样的材料通常具有结实期冠温持续偏低或结实中、后期呈冷尾状态的特征，因而，这类材料实际上大多是冷型类小麦中具有叶片逆向衰老特征的那部分小麦。

第五篇
一个含有动力因素的小麦高产稳产模式

访：上面谈了许多，似乎有一个新的小麦增产模式渐渐浮出水面。

科：是这样的，但是谈模式以前还是先谈一下小麦育种目标，两者有紧密关联。长期以来，随着生产发展和科技进步，小麦育种目标处于不断充实、发展和提高之中，细化的目标，最初主要涉及农艺性状，其中产量构成因素以及株高等较为突出；以后，生理以及和生理有密切关系的一些指标，如功能叶尤其旗叶的净光合速率、株型、粒叶比等被逐步引入；适用于制作面包、馒头、糕点等不同用途的优质小麦指标亦逐渐进入视野；另外，小麦对水肥资源的高效利用也越来越受到重视，以降低成本、保护生态环境。在这种不断深化的形势下，一种具有特殊含义的指标——动力指标引入育种目标是值得考虑的，说具体一点儿，就是"冷温"和"倒置"。前面已提及，目前生产上，中间型小麦是主体，冷型小麦很少，中间型小麦中又以暖尾为主的小麦居多，这些暖尾小麦一般在乳熟中期或以后时段进入冠温偏高时期，直到成熟，对灌浆结实非常不利，虽然不像暖型小麦那样结实全程都冠温偏高、严重影响结实，但对籽粒充实带来的弊端亦显而易见。所谓"冷温"，就是希望经过一段时间的努力，小麦由暖型或中间型中以暖型或暖尾为主的状态逐渐转变为冷型或中间型中以冷型或冷尾为主的状态，这些冷尾小麦虽然活力不及结实期全程偏冷的冷型小麦，但它们从乳熟中期或偏后就开始偏冷，直到成熟，恰好克服了这一时段小麦最容易早衰的弊端，因而，冷尾小麦也不失为一种较好的类型。小麦由暖变冷，意味着小麦整体代谢水平的转变，而这种转变是突出地靠小麦蒸腾拉力的提升作为支撑的，因而，称"冷温"为动力指标是清楚、明确且有充分根据的。所谓"倒置"则指结实期小麦叶色的反向配置，也就是对话中反复提及的叶片逆向衰老，希望通过一段时间的努力，使现在生产上小麦以正常衰老为主的状态有所改观，表现为越来越多的小麦都具有叶片逆向衰老特征，这又是一个动力问题，因为它涉及"一叶直通式"养分驱动机制向"接力式"养分

驱动机制的转变。由以上看出，动力指标与以往提及的指标有所不同，其特点是：（1）并不直击产量本身，而是指向产量形成的动力。（2）对育种目标的层次进行了提升，即在指明要得到什么的基础上更指明了要做些什么，思路清楚，更具本质意义。（3）实现了"简单"和"复杂"的结合，"冷温"和"倒置"都是简单的热学和光学信号，易于观测，但涉及的内部机制却十分复杂且非常重要，而动力指标恰好实现了这两个方面的有机结合。

育种目标必须落实在小麦模式上。所谓模式，是一种可以举一反三的样式，具有行动纲领的意义。我们提出的模式由三项要素组成，其内容是：大的潜在库容＋冷温状态＋叶片逆向衰老。模式中的第一项表明，无论你倾向于小麦大穗型，还是中间型，还是多穗型，都必须构建大的潜在库，因为这是形成高产的结构基础，没有这个基础，高产是无法实现的。据我们测算，每公顷产 9 000 公斤籽粒，应有约 12.75 立方米的潜在库容；产 9 750 公斤籽粒，应有约 13.95 立方米的潜在库容，在育种研究和生产上，造就一个容量大的潜在库不存在大的技术上的障碍。模式中的第二项表明，要使一个容量大的潜在库得到很好填充，必须有一个水平较高的代谢体系作为后盾，前已指出，小麦代谢水平的高低、活力的强弱可用冠层温度较好表达，这种水平从低到高的顺序是：暖型小麦—准暖型小麦—暖尾小麦—冷尾小麦—准冷型小麦—冷型小麦。这六个层次中，后三个层次统属前面提及的冷型类，是较好的，其中以冷型小麦最佳；前三个层次统属前面提及的暖型类，是较差的，其中以暖型小麦最差。任何一个小麦材料或品种，其代谢体系必然处在这六个层次的某个层次上，或活力阶的某个台阶上，无一例外。长期以来，由于对活力阶的意义和作用认识不足，在争取小麦高产稳定的努力中，对提高小麦新陈代谢水平这一根本问题的追求一定程度上处于随机状态，致使一些在活力阶中位置较低的品种亦被人们认可并被推向生产，其主要原因归结为这些小麦的产量结构或抗病等因素的某种优势，以代偿的形式弥补了新陈代谢的不足，从而提高了它们的认知和推广价值。这种代偿状态的弊端是：由于活力缺乏，导致新品种的实用周期越来越短，投入产出率越来越低，生产者由于品种的较快更迭，致使真正了解品种习性从而采取针对性栽培措施的困难越来越大，这影响了小麦育种和生产的进步，必须予以解决。处置该问题的理念是：使小麦的培育从经常出现的代偿态中彻底解脱出来，形成以提高小麦活力为主旨、推动其升迁到活力阶高位，并和其他增产因素紧密结合以达到高产、稳产目标的共识。在平时的育种工作实践中，我们要身体力行，这样才能使小麦的育种和生产更好地走上一条明晰、有序、健康的发展之路。我们经常进行的小麦冠温观测，实际上是通过此种方式的"号脉"，来判断所观测的小麦到底处于六个代谢水平层次或活力阶的哪个阶梯，显然这对认识这些小麦各自的总体活力，并进而判别其应用价值和发展前途有着十分重要的意义。同时，还能为今后品种的进一步改良积累丰富的活力阶层面的宝贵经验和依据。我们希望，以后育成的小麦品种，不管采用何种育种手段获得，或系统选育、或杂交育种、或单倍体育种、或辐射育种、或杂种优势利用、或太空育种、或分子育种、或某些育种手段的结合等，都能较多地出现在冷型类圈子内，或者说处于冷温状态，当然，如果是冷型小麦就更好了，毕竟大的贮存养分的空间只有强劲动力的涉足才能使其充盈。模式中的第三项表明，叶片逆向衰老作为一种特殊生理过程的产物，其使潜在库容扩大并使小麦更加适应环境的作用不容小觑，应采用多种育种选择手段，把这种生理过程从沉睡中唤醒，使其动力机制经常处于激活状态，这样，第二项常规性质的代谢过程和第三项特殊性质的代谢过程就都处于高位，实现了代谢体系的强强联合，这对我们追求目标的实现大有裨益。小麦育种的总体目标大家早有共识，那就是高产、稳产、优质、高效，上述模式对该目标的实现是有利的。关于高产，前已指出，通过品种选育和科学合理栽培措施的采取，构建出大潜在库容的小麦并无大的技术障碍，关键是对该潜在库的填充，实践证明，处于冷温状态的小麦尤其冷型小麦具有较明显的优势，可使籽粒的饱满指数或充实指数居于较高水平，显然，这对高产十分有利。这里提及的饱满指数和充实指数都是表示籽粒饱满程度的较好指标，两者呈极显著正相关。关于稳产，这需从产量随时间的变化和随空间的变化两方面说明。先说随时间的变化，据我们研究，单位面积有效穗数和每穗粒数的变化都会引起最终产量的波动，但千粒重的变化往往是引起最终产量不稳的首要因素，千粒重 = 千粒潜在库容 × 籽粒充实指数，前已指出，在优良、恶劣天气相互转换时，冷型小麦潜在库容的变化明显最小，而其籽粒充实指数不论何种天气下又都经常处于优良状态，这保证了千粒重波动较小，并最终促成产量随时间推移较为稳定。另外，由于逆向衰老小麦有利于更好适应周围不断变化的环境，因而，这就为小麦稳产进一步增加了重要推力。至于随空间的变化，只要新种植地区的生态条件和冷型小麦原种植地区相同或相近，那么，其产量较高较稳的特点就会保持下来并能取得较好收成。关于优质，在不断变化的环境尤其气象条件下，冷型小麦品质变异最小，当然这对优质冷型小麦始终保持籽粒优良品行十分有利。关于高效，前面已指出，冷型小麦较之暖型小麦，不论在干旱少雨地区，还是在非干旱地区受到干旱胁迫时，还是贯彻节约用水方针的状况下，都有较好的水分利用率，其对氮、磷肥的施用也有较高的响应度，属于效率较高的吸氮、吸磷基因型，显然，这些亦较为符合育种总目标中对水肥利用的要求。

小麦的"三抗"即抗病、抗虫和抵抗往往由风雨等气象因素引起的倒伏如何在模式中体现呢？这个已自然融入模式之中，因为病虫的危害较重时，或在风雨侵袭下倒伏发生时，冠温会迅速上升，就无法维持模式所说的冷温状态，因而，只有"三抗"较好的品种才能符合模式的要求。模式中阐明的要创建大的贮存养分的潜在库和强劲的填充潜在库的代谢体系是实现小麦总体育种目标的"本"，是模式的中枢体系，是最重要最基本的东西，没有这个"本"，实现小麦总体育种目标就变成空谈，但是，这个"本"必须有一个强有力的体系捍卫它，那就是抵抗生物和气象攻击的抗病、抗虫、抗倒伏"三抗"防卫体系，在小麦种植的历史上，尽管有些小麦品种的中枢体系不错，但由于"三抗"体系的某些缺陷甚至严重不足而导致品种失败的教训屡见不鲜，因而，必须把中枢体系和"三抗"体系紧密结合起来，且尤其注意和"三抗"体系中影响最大的抗病相结合，这样才能使构成模式中的三项要素尤其冷温状态项得到充分体现，从而使小麦品种在生物和不利气象因素的强烈、反复攻击下始终立于不败之地。

第六篇
归结与展望

访：前面所谈涉及冷型小麦理论的各个方面，您能否谈一下，这个理论的核心理念是什么？

科：核心理念可凝聚成一个字，那就是铸造小麦的"快"，即使小麦代谢系统处于活跃状态，尤其对结实有决定意义的源—流—库系统，其水流要快，养分流要快，以利于大的潜在库的创建和该库的充分填充。所以能够出现"快"的态势，关键在于着力点是小麦整体代谢水平的提高和全局代谢功能的改善，并不首先倾心于小麦局部内外性状的突破，因为，整体对局部起主导作用，整体的性质与功能制约着局部的性质与功能，这是一种战略思维，优先于解决问题时的战术考虑。这种整体性的提高和改善，依赖于小麦动力水平的提升，也就是说，要首先以水分代谢为基础，以植株蒸腾为主要驱动力，构建起包括光合、呼吸、矿质营养、有机物运输等在内的高效互动体系，使水分、有机物和无机离子能快速、顺畅地到达植株任何所需部位；另外，还要建立起新型的"接力式"养分输往籽粒库的驱动机制，使养分以更为活跃的态势向籽粒库填充，这样，上述提升小麦动力水平的抉择才能成为包括穗性状在内的小麦一系列农艺性状改良的压舱石。小麦本身和周围环境构成小麦复合体，在复合体中，小麦离体性状是在体性状的生态屏障，应滋养并保护小麦代谢系统在高位运行。一组简单且易于观测的热学和光学物理量——冠层温度和叶色配置成为小麦生命网络运行水平的指示器，这些物理量的测定和确认必须立足于Ⅲ级气候系统。于是，这个以Ⅰ、Ⅱ级气候系统为背景的Ⅲ级系统就成为小麦和环境实现深度融合并进行精细育种、栽培等一系列精细农业操作的最终归宿。

访：从您对核心理念的阐述看出，对于小麦总体育种目标的实现来说，似乎构建一个好的小麦动力系统是个特别重要的问题。

科：是这样的，欲使小麦在潜在库容足够大基础上的粒大、粒饱、粒稳（千粒重稳、籽粒品质稳）、高效从而对小麦产量、品质、成本产生重大影响的直接原因是小麦水流、养分流得"快"，但根本原因则是构建一个较为发达的动力系统，使驱动水流、养分流运转的动力处于较高水平。对于小麦植株来说，从根系到地上部分，水分需经过长距离运输和短距离径向运输的途径才能到达植株的各个部位，在这一过程中，一系列的水势梯度构成了完整的水分驱动系统，或者说构成了以蒸腾拉力为主要代表的动力系统，使得水分无论纵向还是侧向运输都能圆满完成。关于有机物的运输，亦有长距离运输和短距离运输途径，长距离运输的动力是源库两端的膨压差，而短距离运输又有质外体途径和共质体途径之分，此种运输的动力是糖浓度梯度等，这些不同形式的动力在植株不同部位起着各自特有的作用，构成了完整的以压力差为主要代表的对养分进行驱动的动力系统，使养分得以顺畅地输往植株所需要的部位。对于冷型类小麦来说，这些动力系统都是较发达的，以冷型小麦最佳，另外，叶片逆向衰老小麦"接力式"养分驱动机制所以能够在这类小麦中运行，也反映了这类小麦动力系统的上乘水平；而对于暖型小麦来说，这些动力系统则欠发达，尤以暖型小麦最差，因而，欲提高小麦的活力，提升小麦动力系统的水准则是重中之重，属核心法则，尽管创造优良品种的路径可有许多，包括最新发展起来的分子育种，但是，归根结底，各种路径的探究是否成功，最终都必然体现在核心法则及其相应代谢活动的落实上，这是件永远无法绕开的要事，应高度重视。至于如何提高小麦动力系统的水准，则可从多个途径进行，既可精细到对某些细胞结构的厘革、对某些酶和激素等活力水平的升高以及对和动力系统有关的某些基因的激活和改造等，也可从较为宏观的角度对小麦有关性状进行改良，以实现动力系统的提升，其中前面提到的"冷温"和"倒置"则是成效显著、较易实现的途径。小麦的降温尤其冷型类小麦的育成往往和较发达的动力系统相联结，从而驱动水分和养分的输送更趋活跃；小麦叶色倒置即叶片逆向衰老的出现则意味着小麦结实期养分由源向库的输送处于更为发达、更为强势动力系统的管控之下，十分利于大粒的形成，这些都使动力系统的改良具有实际可操作性。但是，这绝不是说，上述动力系统的改良可以包打天下，因为从本质上看，这些动力系统只是前面提到的新的小麦增产模式中涉及的中枢体系里的有机组成部分，毋庸置疑，强有力的动力系统是保证中枢体系健康运行的根本，意义重大，但是对于一个极为复

杂的小麦综合系统来说，它包括许多子系统，动力系统只是其中之一，即就是动力系统也何止仅限于水分和养分驱动系统，这些子系统既有联系又具独立性，比如"三抗"防卫体系中影响最大的抗病项，小麦的抗病与否及其抗病程度则主要和植株免疫系统的发达程度息息相关，上述动力系统无法取代，因而，只有使这些系统并存并相互联结才是解决问题的正确途径，所以，尽管好的动力系统无比重要，但和其他一系列子系统建立起必要的联系、协调、结合关系也是必须高度重视并始终遵循的。

访：上述核心理念的确立，必然引起对小麦认知的一些变化，请您具体谈谈这些变化。

科：对小麦认知的变化主要表现在如下方面：（1）小麦应该是"着装"的，这样才能获得对小麦的完整认知。小麦茎叶穗周围环绕着空气和地表，表征空气物理状态的有辐射、光照、气温、湿度、风等；表征地表物理状态的有地温、湿度、辐射等。小麦根系被土壤包围着，表征土壤物理状态的有土温、土壤含水量等。作为冠温，虽说是植株表面温度，但它仍是小麦内部组织、细胞的环境参数，所有这些物理量就是小麦的"着装"。任何一个小麦，其本身的性状决定着"着装"的样式，这种样式如影随形，具有唯一性。这些样式对小麦本身的作用有异，甚至迥然不同，或使小麦惬意，或使小麦痛苦，极大地影响着小麦的生长发育。因而，为使小麦健康成长，实现小麦在体性状和离体性状的双优，必须深入探讨小麦本身和紧贴着它的"着装"间的关系，并采取措施使它们处于和谐互利状态。于是，只有把小麦视作一个由小麦本身和"着装"组成的复合体，重视"着装"对小麦植株几乎是最后的、最重要的生态屏障的作用，使该屏障处于健康状态，给小麦穿上一件合身的"衣服"，这样，才能获得一个完整的小麦形象，并从认知上实现小麦和环境的深度融合以及深层次地解决小麦的适应问题。（2）小麦的任何内外性状都要放在系统中审视，任何单一或局部性状的改良都要以系统的改良为前提。这个看法基于对如下观点的认同：系统是普遍存在的；组成系统的元素是相互依存、相互作用、相互制约的；一个大的系统是许多尺度不同的小系统整合的结果，这使大系统具有了完整性特征。比如，小麦叶片尤其旗叶净光合速率的提高，尽管通过一些努力可使叶片与光合有密切关系的细胞结构出现复杂化倾向，像叶肉细胞排列紧密且层数变多，叶

绿体量变大、更密集，叶绿体内间质变浓、基粒多、基粒片层更发达等，另外，叶片的生理活性也可有一定程度改善，但是，它们的作用能否充分发挥，还受着"供体（源）—输导组织—受体（库）"系统的极大影响，在流不畅、库不丰的状况下，即就是叶片结构、活性有所改良，也很难维持叶片较高的净光合速率，因而，欲使叶片净光合速率有所上升，在改造叶片本身的同时，更应重视与之相关的系统活性的提高，甚至植株整体性能的提升，这才是对叶片光合性能改善本质上的支持，也较易取得所期盼的成功。

（3）小麦冠层温度的趋冷和叶色倒置的显现是面对小麦高产稳产问题的杠杆解。前已指出，欲使小麦高产，潜在库容必须大，且对潜在库的填充必须好；欲使小麦稳产，则在小麦受到非生物攻击时，潜在库容的大小和潜在库的充实必须较稳定、变化小，而小麦冠温的趋冷和叶色倒置的显现正是实现上述要求的关键性节点。抓住小麦冠温的趋冷，就是抓住了植株代谢水平的整体提高；抓住了叶色倒置，就是抓住了植株逆向衰老系统从沉默到激活的跃升，这些恰好为大的、稳定的潜在库的创建和该库的充分填充提供了根本性保证，因而，认为这是进行杠杆思维的必然结果，这是寻找好强有力的支点、撬动整个系统良性运转的逻辑性结局是有充分根据的。（4）小麦灌浆结实二元论的面世开启了认识小麦进化、适应能力的新思维，并为小麦进一步增产开辟了新路径。在漫长的进化中，小麦获得了令人叹为观止的适应能力，如前所述，小麦赖以充实籽粒库的关键性叶片——旗叶会在某些条件下以早衰的方式较好实现种群的繁衍、基因的延续。这不能不使人认识到，自然界存在着本质性状稳定性和表观性状可变性的规律。长期以来人们一直认为，在灌浆时间相同或相似的条件下，从源到库的养分流一定要顺畅快捷，这是籽粒充实良好、千粒重变大的关键，属于具有本质意义的性状，但是，与此本质性状紧密相连的表观性状则有多种形态，有人们十分认可的旗叶功能期较长的不早衰态，也可有旗叶功能期较短的早衰态，即叶片逆向衰老。又比如，"接力式"灌浆机制有利于籽粒变大变重，对于获得大粒来说，该灌浆机制属于具有本质意义的性状，但从表观来看，则可出现多种形态，有叶色倒置即上黄下绿的逆向衰老态，也可有叶色正置即上绿下黄的正常衰老态，实际上，两者都启动了非常特殊的"接力式"灌浆机制，只是前者的强度较大、促使旗叶提前变黄衰老，而后者强度较弱、始终未达到旗叶提前变黄衰老的程度，逆向衰老小麦群体中有不少表现为正常衰老的植株以及在逆向衰老植株中有不少表现为正常衰老的茎就是证明，它们的籽粒虽然不及逆向衰老者大，但其体积仍比正常衰老小麦有明显扩张，从这个意义上看，启动了"接力式"灌浆机制但未表现出逆向衰老者实际上处于一种隐性的、未充分展开的逆向衰老状态。因而，在性状改良时，首先要抓住本质性状的改变，至于表观性状的改变则可多样，不必对某种模式过于拘泥，这样，对小麦灌浆结实来说，其二元论就必然应运而生。为使小麦产量提高计，不仅在理论上出现了两个并存的模式：传统的"一叶直通式"灌浆结实模式和新发现的"接力式"灌浆结实模式，从而丰富了小麦灌浆理论的内涵，且在实践上也出现了二元化增产路径：一是竭力提高小麦叶片尤其旗叶光合效率的水平，以达到"强源"的目的，这是长期以来人们孜孜以求的；二是在叶片尤其旗叶光合效率无明显提高的情况下，另辟蹊径，走改变叶源向经济器官运输和分配同化物方式的路子，它也会收到较好甚至更好的效果。这两条路径都有值得继续探求的重要价值。（5）冷型小麦偏低的冠温和叶片逆向衰老小麦的叶色倒置均可遗传，因而，利用小麦冷温供体——小麦冷源——一种新发现的遗传源和具有冷温特征的低温小麦材料以及具有叶片逆向衰老特性的小麦材料，通过多种育种手段，即可逐步培育出优良的冷型小麦和叶片逆向衰老小麦，而且由于上述两者具备事实上结合的条件，则可进一步使包括冷温、倒置等动力指标在内的小麦全方位育种目标得以实现，从而使新的优良品种的产量结构和对环境的适应性上升到一个新的台阶，这是非常值得实践的。

（6）前面已指出，长期以来，研究Ⅰ、Ⅱ级气候系统和小麦生长发育的关系已取得一系列重要成就，大大推进了小麦生产的发展和小麦研究的进步，但是，时至今日，时代已提出更高要求，即对小麦的探究必经在以Ⅰ、Ⅱ级气候系统为背景的条件下逐步向Ⅲ级系统下沉，也就是进一步探讨小麦和Ⅲ级系统的紧密关联，以便更好为小麦生产发展服务。所谓"向Ⅲ级系统下沉"包括三方面的含义：首先，不但要继续深入研究小麦本身的种种性状，且要对小麦的"着装"花大力气观测和分析，以明确小麦和周围环境的直接联系，揭示小麦在体和离体性状的互动规律，创造出最有利于小麦生长发育的内外要件，实现小麦和环境

的深度融合，这比长期以来主要通过观测Ⅰ、Ⅱ级系统的环境要素来得知和小麦的间接关系无疑明显深入了一步，值得努力开展；其次，对小麦的耕翻、灌水、施肥、灭病虫等不应是均一的、无差别的，应以时间、空间、小麦材料、小麦品系、小麦品种之不同而异，包括像小麦品种比较这样的试验，亦不能采取统一的管理措施，而应根据品种的特性有所区分，以使它们自身的优势得以充分发挥，这是迈向精细农业所必须逐步采取的；第三，包括精细布局、精细耕作、精细育种、精细栽培等在内的精细农业是今后发展的趋势，其落脚点主要在Ⅲ级系统之内，最初，某些局部项目可按常规方法进行观测、取样、分析、实施，但毕竟费时、费力、效率甚低，不是长久之计，因而，逐步运用全球定位系统、地理信息系统、遥感技术等现代高新技术来获取时空差异性信息，并进行分析决策，最后利用自动化机械设备在田间实施有区别对待的、按需定位的调控措施就成了时代发展的必然要求，它将对我国农业生产发展产生深远影响，现应积极行动起来，努力投身到这场深刻的农业革命中去。

　　访：您对冷型小麦理论做了较为全面、概括的介

绍，现在还需进一步进行哪些工作？

科：冷型小麦理论提出距今时间不长，还有大量工作要做，上升空间很大，现从理论和实践两方面谈一些初步的看法。

理论上：（1）进一步揭示身处Ⅲ级气候系统小麦复合体的在体性状和离体性状的互动规律，创造出两者相互支持、相互促进的双赢局面。小麦本身的内外性状具备何种特性才能造就出好的"着装"，而这个"好"的最显著特征是对小麦的反馈效应是正面的、积极向上的、利于小麦生长发育和灌浆结实的，这是本课题尤其需要进一步深入探讨的。（2）揭示控制冷型小麦"冷"的基因或系列基因及其定位。这必和小麦与"冷"有紧密联系的一些生理性状发生关联，甚至和植株的某些结构有关，所有这些性状和结构的综合效应通过一种归属于物理学的热学性状——"冷"反映了出来。（3）进一步阐明冷型小麦冷温特性的遗传规律，揭示冷源之"冷"的传递法则。这些方面已有不少研究，还需进一步深入。对这些规律、法则全面系统的揭示将有助于更好地培育出具有冷温特性的优良冷型或冷尾小麦。（4）深入阐明冷型小麦具有广幅生态适应性的机理，深层次揭示环境经常处于不稳状态，而冷型小麦的细胞结构和生理性状却并不随环境明显起舞、相对处于稳态的秘密。冷型小麦在资源的获取和储备上有一科学合理的资源配置机制，在结实期有一实现最大生育力的机制，在和周围环境密切接触中有一良性互动机制，这些造就了它的广幅生态适应性，需要进一步探讨。（5）深入揭示小麦叶片逆向衰老中"接力式"灌浆结实模式的运作机制。在灌浆结实期间，"供体—输导系统—受体"系统十分活跃，它包含三个子系统，即旗叶—输导组织—籽粒库，倒 2 叶—输导组织—籽粒库和倒 3 叶—输导组织—籽粒库。最初，旗叶子系统是如何率先被激活并向籽粒库快速输送养分的，同时又如何相对抑制了倒 2 叶和倒 3 叶子系统的活力，以便为旗叶养分输送让路；待旗叶子系统完成或接近完成使命后，又如何激活了倒 2 叶和倒 3 叶子系统，使它们接力式地快速把养分输往籽粒库；根系所形成的和上述活动相关的激素是什么，它是怎样成为首先激活旗叶作用的节点等。上面涉及的"接力式"灌浆结实模式是小麦叶片逆向衰老过程中一种常见的形态，实际上还有其他更为复杂的形态存在，比如发现了旗叶首先早衰后其衰败之程度和倒 2 叶交替出现的现象，即几天后倒

2叶反比旗叶衰败较重，又过几天，旗叶又比倒2叶衰败较重，轮番进行，显然，引起这种变化的机制要更复杂有趣一些。这些都是一些很有意思、很值得探究的重要问题，对小麦灌浆结实"二元论"的进一步构建和充实有关键作用。（6）建立冷型小麦育种体系和小麦抗病尤其分子抗病育种体系紧密结合的多元综合体系，实现具有动力因素的小麦高产稳产模式内中枢体系和"三抗"尤其抗病体系在分子水平上的联姻，其主要解决的理论问题有：两种体系结合的相容性及关键性接合点以及两种体系贯通的主要障碍和清障的基本思路；控制小麦冷温、叶片逆向衰老及抗病性分子模块的基本功能；模块耦合组装所导致的小麦对Ⅲ级气候系统的深度适应即对新形成的小麦离体性状功能的评估；分子模块群对小麦高产、稳产、优质、高效等诸多复杂性状的非线性叠加效应及对既定育种目标的导向作用。（7）更深层次地揭示其他冷型作物的冷温特性，找出和冷型小麦的异同点，阐明冷型作物的一般性规律及其个性表现。在研究冷型小麦的同时，我们还对大豆、绿豆、棉花、花生、玉米、谷子、大麦、豌豆等作物进行了研究，发现它们的某些基因型也有冷温现象，并且普遍和较高的生产能力联系起来，鉴于此，有可能逐渐形成对一大批冷型作物开展系统性研究的态势，并深入揭示它们的内在规律，这对更好更全面地服务于农业生产展现出了十分广阔的前景。

实践上：（1）大力挖掘小麦低温种质资源。小麦冠温的观测不但为良种选育增加了一种新的手段，更重要的是，一种过去人们不大认识的、在自然界早已存在的小麦低温种质通过冠温观测而使之浮出了水面，这才是更值得重视的，这种低温种质就是我们一再说到的冷型小麦。在小麦育种中有低温种质作为亲本参与，就利于产生冷的杂交后代，进而逐步育成冷型或冷尾小麦，因而，建立强大的低温种质资源库是培育优良冷型或冷尾小麦品种的必由之路，需做出极大努力。（2）努力在自然界寻觅或用人工手段创造小麦冷源。小麦冷源的发现，提供了一种手段，即当受体小麦接受小麦冷源的配子后，其后代冠温呈普遍下降态势，且部分受体小麦的温度型可由非冷型转化为冷型，明显提高了代谢功能，显然，这对冷型或冷尾小麦的培育非常有利，因而，创造出一批小麦冷源值得重视。（3）建立起科学的小麦冷链系统。冷型或冷尾小麦培育成功需经数年，从选配亲本产生杂交种子开始，到经过 4～6 代产生定型的品系，再到经过鉴定致使品种培育成功，始终有一突出因素——"冷"贯穿其中，这就势必形成一条环环相扣的小麦冷链，任何一个优良冷型或冷尾小麦的育成，必然和一条成功的冷链相连接，这些冷链各具个性又具共性，通过运作掌握好冷链的各个环节及关键节点，无疑对推动更多优良品种问世具有重要实践意义。以上有关培育冷型小麦技术上的研究在精神上同样适用于其他冷型作物培育时技术问题的探讨。（4）实现冷型小麦育种体系和分子抗病育种体系紧密结合的若干需要解决的主要技术问题有：构建小麦冷温、大库、优质、抗病等各分子模块的技术要点；各分子模块耦合的方式、强度及主要技术障碍和解决途径；从分子模块到模块耦合组装，到最终优良抗病冷型或冷尾小麦品种育成的技术路线、关键性问题的破解以及最佳步骤策略的选择。（5）对小麦和其他作物来说，开展冷性化栽培是值得尝试的。也就是说，在采取耕作、灌溉、施肥、防病虫等措施后，作物出现了升温还是降温，以及升降的幅度可作为措施是否科学合理的重要指标。作物田间布局和冠温变化的关联以及何时、何种情况下作物需要适度变冷，都应在实践中反复摸索，总结出一套切实可行的经验，这样才能使冷性化栽培沿着一条正确的道路前进。

随着时间推移，已有越来越多的冷型和冷尾小麦登上生产舞台，同时，具有叶片逆向衰老特征的冷型类小麦也不断涌现，这说明，对小麦生长发育尤其灌浆结实极其重要的动力因素的关注正悄然兴起，小麦材料和品种在活力阶中所处的地位也越来越受到重视，今后这个发展趋势会越发明显。与此相伴，许多新鲜问题也会在实践中陆续涌现，需要我们再认识、再实践、再提高，永无止境。上面冷型小麦理论的介绍就意在抛砖引玉，以促进我国小麦以及其他农作物的理论研究和生产实践上升到一个新的层次，希望和大家共同努力，推动这一事业更快更好发展。

访：谢谢您谈了这么多，希望我们以后能进一步交流。

科：非常欢迎，毕竟大幕才拉开不久。

参考文献

[1] 张嵩午. 小麦的冷温状态和逆向衰老. 中国科学基金，2011，25(3):148-153.

[2] 张嵩午. 冷型小麦的概念 特性 未来. 中国科学基金，2006，20(4):210-214.

[3] 张嵩午, 王长发. 小麦低温基因型的研究现状和未来发展[J]. 中国农业科学，2008，41(9):2573-2580.

[4] Zhang S W. Concent, characteristics and future of cold type wheat[J]. *Science Foundation in China*, 2007, 15(1):51-56.

[5] Zhang S W, Wang C F. Research status quo and future of low temperature wheat genotypes[J]. *Agricultural Science in China*, 2008,7(12): 1413-1422.

[6] 张嵩午. 小麦温型现象研究 [J]. 应用生态学报，1997，8(5):471-474.

[7] 张嵩午, 王长发. 冷型小麦及其生物学特征 [J]. 作物学报，1999，25(5):608-615.

[8] 张嵩午, 苗芳, 王长发. 小麦低温种质及其叶片的光合性能和结构特征 [J]. 自然科学进展，2004，14(2):179-184.

[9] 张嵩午, 王长发. K 型杂交小麦 901 的冷温特征 [J]. 中国农业科学，1999，32(2):47-52.

[10] 王长发，张嵩午. 冷型小麦旗叶衰老和活性氧代谢特性研究 [J]. 西北植物学报，2000，20(5):727-732.

[11] 王长发，张嵩午. 冷型小麦叶片光合特性研究 [J]. 西北农业学报，2000，9(6):1-5.

[12] 赵鹏，王长发，李小芳，等. 小麦籽粒灌浆期冠层温度分异动态及其与源库活性的关系 [J]. 西北植物学报，2007，27(4):715-718.

[13] 刘党校，张嵩午，董明学. 冷型小麦的籽粒灌浆及光合生理特性 [J]. 麦类作物学报，2004，24(4):98-101.

[14] 苗芳，吕淑芳，谢志萍，刘萍，丁宏茹，崔洪安，张嵩午. 不同温度型小麦胚乳细胞增殖和籽粒生长动态及其相关性分析. 西北农林科技大学学报，2009，37(8):187-190.

[15] 张荣萍，王长发，张嵩午. 小麦胚乳充实特性研究初报 [J]. 麦类作物学报，2002，22(4):54-57.

[16] 吕淑芳，苗芳，白龙. 不同温度型小麦强势和弱势籽粒物质积累规律的研究 [J]. 西北农林科技大学学报，2010，38(12): 117-122.

[17] 张嵩午，王长发，冯佰利，等. 冠层温度多态性小麦的性状特征 [J]. 生态学报，2002，22(9):1414-1419.

[18] Zhang S W, Miao F, Wang C F. Low temperature wheat germplasm and its leaf photosynthetic traits and structure characteristics[J]. *Progress in Natural Science*, 2004,14(6):483-488.

[19] 苗芳，冯佰利，周春菊，等. 冷型小麦叶片显微结构的一

些特征 [J]. 作物学报，2003，29(1):155-156.

[20] 苗芳，张嵩午，王长发，等. 小麦低温种质的器官结构特征 [J]. 西北植物学报，2005，25(8):1499-1507.

[21] 慕小倩，张嵩午，蒋选利，等. 冷型小麦旗叶的形态解剖学研究 [J]. 西北植物学报，1998，18(2):267-269.

[22] 苗芳，张嵩午，刘国都. 冠层温度中间型小麦叶片的显微结构特征 [J]. 西北农业学报，2004，13(4):9-12.

[23] 张嵩午，王长发，冯佰利，等. 灾害性天气下小麦低温种质的性状表现 [J]. 自然科学进展，2001，11(10):1068-1073.

[24] 张嵩午，王长发，冯佰利，等. 冷型小麦对干旱和阴雨的双重适应性 [J]. 生态学报，2004，24(4):680-685.

[25] 冯佰利，张宾，高小丽，等. 抗旱小麦的冷温特征及其生理特性分析 [J]. 作物学报，2004，30(12):1215-1219.

[26] 冯佰利，高小丽，王长发，等. 干旱条件下不同温型小麦叶片衰老与活性氧代谢特性的研究 [J]. 中国生态农业学报，2005，13(4):74-76.

[27] 冯佰利，王长发，苗芳，等. 干旱条件下冷型小麦叶片气体交换特性研究 [J]. 麦类作物学报，2001，21(4):48-51.

[28] 张宾，冯佰利，韩媛芬，等. 干旱条件下冷型小麦叶片衰老特性研究. 干旱地区农业研究 [J]，2003，21(1):70-73.

[29] 黑亮，冯佰利，王长发，等. 干旱条件下冷型小麦籽粒灌浆特性及其成因的初步研究 [J]. 干旱地区农业研究，2001，19(4):46-51.

[30] 程晶晶，周春菊，李蓉，等．不同温度型小麦幼苗期的抗锈性及其生理特性分析 [J]. 西北农林科技大学学报，2009，37(2):112-116.

[31]Zhang S W, Wang C F, Feng B L,. Some traits of low temperature germplasm wheat under extremely unfavorable weather conditions[J]. *Progress in Natural Science*, 2001,11(12): 911-917.

[32]Feng B L, Yu H, Hu Y G, The physiological characteristics of the low canopy temperature wheat (*Triticum aestivum* L.) genotypes under simulated drought[J]. *Acta Physiol Plant*, 2009,31:1229-1235.

[33] 许秀娟，张嵩午．冷型小麦灌浆期农田小气候特征分析 [J]. 中国生态农业学报，2002，10(4):34-37.

[34] 严菊芳，张嵩午，刘党校，等．干旱胁迫下不同温型小麦农田微气象特征研究 [J]. 西北农林科技大学学报，2006，34(10):49-54.

[35] 张嵩午．小麦群体的第二热源及其增温效应 [J]. 生态学杂志，1990，9(2):1-6.

[36] 严菊芳，张嵩午，刘党校．干旱胁迫条件下冷型小麦灌浆结实期的农田热量平衡 [J]. 生态学报，2011,31(3):770-776.

[37] 严菊芳，张嵩午．不同温型小麦灌浆结实期农田热量平衡及其气象效应 [J]. 西北农林科技大学学报，2007，35(9):49-53.

[38] 许秀娟，张嵩午．冷型小麦灌浆期农田土壤热通量的分

析 [J]. 西北农林科技大学学报，2001，29(5):70–74.

[39] 许秀娟，张嵩午. 冷型小麦灌浆期农田热量分配状况初探[J]. 中国生态农业学报，2002，10(4):40–43.

[40] 周春菊，张嵩午，王林权，等. 施肥对小麦冠层温度的影响及其与生物学性状的关联 [J]. 生态学报，2005，25(1):18–22.

[41] 周春菊，张嵩午，王林权，等. 冷型小麦氮素吸收积累特性的研究 [J]. 植物营养与肥料学报，2006，12(2):162–168.

[42] 周春菊，张嵩午，王林权. 冷型小麦磷素吸收积累特性的研究 [J]. 植物营养与肥料学报，2007，13(6):1062–1067.

[43] 周春菊，张嵩午，王林权，等. 灌浆结实期冷型小麦叶片氮含量变化的研究 [J]. 土壤通报，2006，37(3):550–554.

[44] 周春菊，张嵩午，王林权. 不同施肥条件下冷暖型小麦旗叶光合生理特性的研究 [J]. 西北植物学报，2006，26(12):2511–2516.

[45] 周春菊，张嵩午，王林权，等. 冷型小麦产量及其构成因素的施肥效应分析[J]. 干旱地区农业研究，2006，24(4):1–4.

[46] 许秀娟，张嵩午. 冷型小麦灌浆期农田水分利用状况初探 [J]. 西北农林科技大学学报，2003，31(5):13–15.

[47] 严菊芳，张嵩午. 渭北旱塬不同温型小麦农田水分利用状况初探 [J]. 干旱地区农业研究，2007，25(6):66–68.

[48] 张嵩午，刘党校. 冷型小麦品质稳定性的研究 [J]. 自然科学进展，2007，17(1):24–39.

[49] 张嵩午，刘党校. 小麦冠温的多态性及其与品质变异的关

联 [J]. 中国农业科学，2007，40(8):1630-1637.

[50] 张嵩午，王长发．小麦潜在库容研究 [J]. 西北农业学报，
1999，8(2):16-19.

[51] 张嵩午，王长发，冯佰利，等．冷型小麦单穗潜在库填充
的研究 [J]. 麦类作物学报，2001，21(4):31-33.

[52] 张嵩午，王长发，姚有华．小麦叶片的逆向衰老 [J]. 中国
农业科学，2010，43(11):2229-2238.

[53] 张嵩午，王长发，苗芳，等．旗叶先衰型小麦生长后期顶
三叶光合特性及其意义 [J]. 作物学报，2012，38(12):2258-
2266.

[54] 姚有华，王长发，张嵩午．叶色倒置小麦的一些生物学特
征研究 [J]. 西北农林科技大学学报，2010，38(3):95-100.

[55] 杜光源，唐燕，张嵩午，等．小麦叶片衰老态势核磁共振
分析 [J]. 农业机械学报，2014，45(4):264-269.

[56] 冯帆，王长发，李志超，等．不同逆序衰老率小麦干
物质积累特性的探索研究 [J]. 麦类作物学报，2014，
34(11):1522-1528.

[57] 张邦杰，石华荣，李毅博，等．2 种生态条件下冬小麦非
顺序衰老过程中同化物积累及转运特性 [J]. 西北农林科技
大学学报，2015，43(5):93-113.

[58] 白月梅，黄薇，张邦杰，等．小麦叶片逆向衰老中叶绿素
及荧光参数的变化 [J]. 西北农业学报，2013，22(7):95-99.

[59] 黄蓉，马亚琴，李毅博，等．花后干旱条件下冬小麦顺序
和非顺序衰老同化物积累和运转特性 [J]. 干旱地区农业研

究，2015，33(1):7-13.

[60] 邢建军，汤毛月，杜光源，等. 叶片遮阴处理对逆序小麦灌浆特性的影响 [J]. 西北农业学报，2018，27(8):1104-1111.

[61] 黄薇，杨霞，易华，等. 肥力对冬小麦顺序和非顺序衰老茎同化物积累和转运的影响 [J]. 西北农林科技大学学报，2015，43(6):79-87.

[62]Zhang S W, Wang C F, Yao Y H. Inverse leaf agin sequence(ILAS) and its significance of wheat[J]. *Agricultural Science* in China, 2011,10(2):207-219.

[63] 张嵩午，王长发. 小麦冷源及其性状特征的研究 [J]. 中国农业科学，2001，34(1):40-45.

[64] 张嵩午，冯佰利，王长发，等. 小麦冷源及其在干旱条件下的适应性 [J]. 生态学报，2003，23(12):2558-2564.

[65] 张嵩午，刘党校，王长发，等. 不同气象条件下小麦冷源的品质变异 [J]. 生态学报，2009，29(1):291-297.

[66]Zhang S W, Wang C F. Study on wheat cold source and its characters[J]. *Agricultural Sciences in China*, 2002,1(2):132-137.

[67] 申国安，王竹林，李万昌，等. 小麦冠层温度的遗传和配合力分析 [J]. 西北农业大学学报，2000，28(6):43-47.

[68] 郝彦宾，王长发，张嵩午，等. 小麦不同种质材料对杂交后代过氧化氢酶活性的遗传效应 [J]. 西北农业学报，2003，12(2):55-57.

[69] 李京敬. 小麦温度遗传规律以及与叶片结构相关性的研究 [D]. 西北农林科技大学硕士论文，2005.

[70] 裴国亮，李京敬，王长发，等. 冷暖型小麦基因差异的最佳 RADP 反应体系研究 [J]. 安徽农业科学，2006，34(13):2993-2995.

[71] 张嵩午，张宾，冯佰利，等. 不同基因型小麦与绿豆冠层冷温现象研究 [J]. 中国生态农业学报，2006，14(1):45-48.

[72] 韩磊，王长发，王建，等. 棉花冠层温度分异现象及其生理特性分析 [J]. 西北农业学报，2007，16(3):85-88.

[73] 李永平，王长发，赵丽，等. 不同基因型大豆冠层冷温现象研究 [J]. 西北农林科技大学学报，2007，35(11):80-83.

[74] 秦晓威，王长发，任学敏，等. 谷子冠层温度分异现象及其生理特性分析 [J]. 西北农业学报，2008，17(2):101-105.

[75] 任学敏，王长发，秦晓威，等. 花生群体冠层温度分异现象及其生理特性研究初报 [J]. 西北农林科技大学学报，2008，36(6):68-72.

[76] 王一，王长发，邹燕，等. 豌豆冠层温度分异现象及其生理特性 [J]. 西北农业学报，2009，18(4):133-136.

[77] 张大双，员海燕，张宝林. 冷暖型玉米抗旱性研究 [J]. 农技服务，2010，27(10):1276-1277.

[78] 于春阳，王长发，邵晓蕾. 冷型花生光合生理特性研究 [J]. 西北农业学报，2010，19(5):94-99.

[79] 胡单，王长发. 大麦冠层温度及其与光合性能的关联 [J]. 西北农业学报，2011，20(2):62-67.

图1 冷型小麦

图中是冷型小麦 8329，全结实期呈持续冷温状态，照片中小麦的状态正处在乳熟后期，距成熟还有 7 天。茎上尚有约 2 片绿色功能叶，呈青秆黄穗的景象。这时叶片仍保持着较好的光合能力。

图 2　暖型小麦

图中是暖型小麦 NR9405，全结实期呈持续暖温状态，该图和图 1 同日拍摄，亦处于乳熟后期，和图 1 冷型小麦成熟同步，但功能叶已基本变黄，早衰严重，叶片光合能力趋于丧失。

图3 冷型和暖型小麦根系

图中第一、二、三排为冷型小麦根系，品种分别是901、陕229和小偃6号；第四、五排为暖型小麦根系，品种分别是NR9405和9430。冷型小麦的根系明显较暖型小麦发达，这为地上部富有朝气的生长发育提供了强有力的支撑。

图4 逆境下的冷型小麦

图中展示的是严重连阴雨下冷型小麦陕229乳熟后期的生长状况。长相良好，病害较轻，对连阴雨有较好的抵抗力。

图5 逆境下的暖型小麦

图中展示的是和图4同日拍摄的暖型小麦NR9405乳熟后期的生长状况，在严重连阴雨威胁下，不但早衰很重，且病害发展猛烈，和图4的冷型小麦状况形成强烈反差。

图6 叶片逆向衰老小麦群体

图中是叶片逆向衰老小麦05（27）18—3面团期的生长状况。旗叶普遍变黄，但倒2、倒3叶仍有许多绿叶，呈现出一种非常特殊的上黄下绿倒置性叶色结构，特称为"叶片逆向衰老"。

图7 叶片逆向衰老小麦个体

图中小麦单茎为温麦 19 号，处于面团期初期。旗叶大部分变黄，但倒 2、倒 3 叶仍为绿色。这时旗叶养分快速向籽粒库的转移进入后期，趋于变慢，倒 2 叶和倒 3 叶养分向籽粒库的输送则由抑制逐渐转向活跃，运速变快，呈现出明显的"接力式"特征。

图 8　小麦穗全剪后叶片的逆向衰老表现

　　图中小麦单茎为小偃 6 号。开花期将穗全部剪去，不久即出现叶片逆向衰老现象，旗叶明显变成淡绿色，倒 2 叶和倒 3 叶仍为浓重的绿色。

图9 小麦穗全剪后茎基部小分蘖生长状况

开花期麦穗全剪后，首先旗叶迅速将养分输向茎基部的分蘖节，后来倒2、倒3叶的养分跟进，很快小分蘖随即长出。图中是被剪穗的小偃6号茎基部分蘖芽长成麦穗的状况。

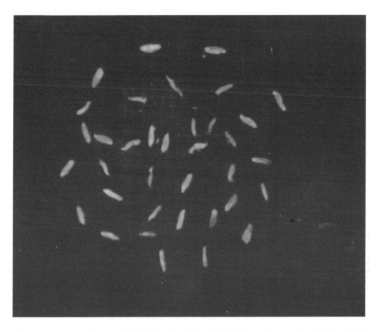

图 10　小麦穗全剪后茎基部小分蘖迅速发育长成的籽粒

　　图中是被剪穗的小偃 6 号茎基部小分蘖最后长成的籽粒。籽又小又秕，但已经处于籽粒形成后期，具备了发芽能力。这个由分蘖芽到籽粒形成的过程仅仅用了短短一个月时间，几乎复制了小麦从发芽到成熟需要经历约 230 天的全部生命过程，最后终于达到了结籽并使基因延续的目的，这是一种令人惊讶的生物进化现象。小麦叶片逆向衰老，不仅利于籽粒变大变重，且使小麦对环境的适应能力大大增强，尤其当小麦遭遇生存危机的时刻，竟能以这种叶片逆向衰老的方式自救，充分彰显了进化所缔造的生命力之神奇和伟大。

图 11 模拟干旱棚

棚内种植着冷型、中间型、暖型以及冷型类小麦中具有叶片逆向衰老特征的诸多小麦品种。结实期断绝一切水分补给,详细研究它们内外性状的变化,并和非干旱条件下的相同品种形成对比。结果显示:冷型小麦在抵御干旱威胁方面较之中间型和暖型小麦具有明显优势,这和棚外自然干旱条件下得出的结论一致。

图 12 模拟阴雨棚

棚内种植着和干旱棚内相同的品种，结实期按当地严重连阴雨水平人工降雨，并和非连阴雨条件下的相同品种进行对比。多年试验表明，冷型小麦在抵御连阴雨威胁方面较之中间型和暖型小麦也有明显优势，这和棚外连阴雨条件下得出的结论一致。

图 13　小麦西农 805 群体

图中是历时 8 年培育成功的我国第一个以冷型小麦为育种目标的冷型小麦品种，拍摄时期是面团期。虽说小麦已经进入结实后期，但仍富有生气，群体中出现了不少处于逆向衰老状态的叶片。该品种潜在库容大，结实期持续冷温，叶片逆向衰老鲜明，还有茎秆粗壮，柔韧性好，分蘖力强，生长势旺，抗病性好和抗倒伏性突出的特点。2020 年创造了陕西省大田小麦单产最高纪录，亩产达 730.82 公斤。

图 14　小麦西农 805 籽粒

图中左方为西农 805 籽粒，右方为长期以来作为品种比较试验对照品种的籽粒。西农 805 粒大均匀而饱满，常年千粒重约 50 克。而对照品种的籽粒不够均匀，内有许多秕粒、小粒，对比明显。西农 805 之所以籽粒较优，主要得益于小麦本身具有冷温和叶片逆向衰老的特征，这体现出该小麦旺盛的新陈代谢活动以及对环境的深度适应。

图 15　小麦发明专利之一

　　发明名称：一种小麦育种中的鉴定选择方法。利用红外测温仪等测温仪器测定小麦群体和单株的温度，通过对温度的对比分析，鉴定选择冷型小麦材料。

图 16　小麦发明专利之二

　　发明名称：小麦冷源的鉴定方法。利用小麦冠层温度测温技术，对小麦父本、母本及后代材料进行测定，通过分析比较，对被鉴定的小麦材料是否为冷源进行确认。

图 17　小麦发明专利之三

　　发明名称：一种冷型小麦的鉴定方法。利用小麦温度观测技术，对小麦群体和单株的温度进行测定，并通过对比小麦绿色叶片数，得出被鉴定小麦是否为冷型小麦的结论。

图 18　小麦实用新型专利

实用新型名称:小麦叶片比色卡。用叶片比色卡,对冷型、中间型和暖型小麦的叶片色泽进行分级。